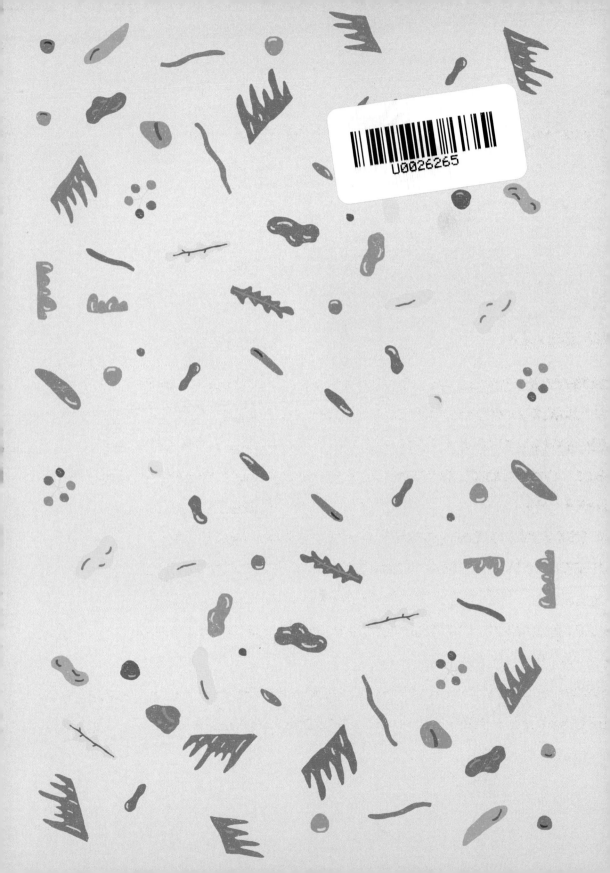

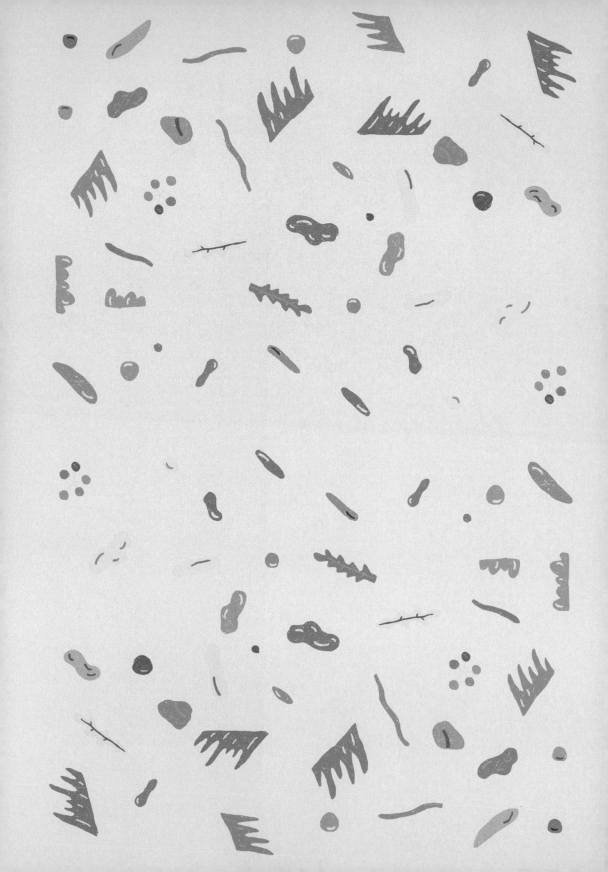

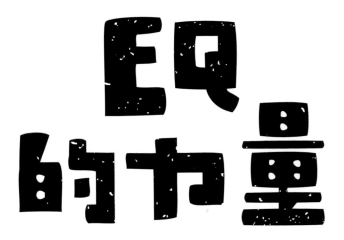

王宏哲　著

情緒管控教得好，對孩子的一生最重要。

——王宏哲

作者——王宏哲

長庚大學醫學院畢業後，開始研究情緒與大腦、兒童心智行為、同理心與鏡像神經元等神經科學議題，後來進入國立陽明大學腦科學研究所，透過腦磁儀（MEG）及功能性核磁共振（fMRI），研究情緒認知作業如何影響人腦活動，並以「正向情緒」為主研究方向，發表研究論　文《*Voluntary Facial Mimicry Facilitates Embodiment of Emotion in Cortico-Limbic System*》。相關情緒研究論文，於 2008 年獲職能科學論壇特優口頭發表論文獎；於 2009 年獲職能治療學會特優海報發表論文獎，以及國立陽明大學學術研究論文獎。

在臨床進行兒童情緒教育工作將近 18 年，《EQ 的力量》希望透過兒童發展、心理行為與神經科學知識的集結，讓家庭教育的推動更容易，讓未來世代孩子的情緒管控更好。

# CONTENTS

# 勇闖
# EQ神秘島

## 跟著六神獸一起拯救水晶情緒王國

從前從前……在愛兒普蘭星球上，有個水晶情緒王國，那是一個充滿歡笑又溫馨的王國！裡面住著一群超有禮貌、超聽話，而且每天活潑又開心的小朋友。

直到有一天，鄰近的森漆漆星球突然爆炸，大量飄出一種毒素，讓大家呼吸的空氣出現了嚴重變化。吸到這種毒素的大人及孩子，會突然變得很容易生氣、愛罵人，為了一點小事就哭，事情做不到就尖叫，並且不想分享玩具，無時無刻都可以聽到吵架聲：「這是我的！」「我最討厭你了！」「我不要！」「我不會！」還有父母罵孩子的聲音：「你給我坐好！」「我數到三，不然就……」「去罰站！」

這些跟平常不一樣的聲音，吵醒了長年睡在水晶情緒王國裡的六隻神獸，他們分別是：

「彬彬有禮」的繽紛象
「勇氣十足」的奇幻鷹
「愛思考」的霹靂兔
「好人緣」的寶寶熊
「反應快」的精靈豚
「活力十足」的佼佼虎

繽紛象
奇幻鷹
霹靂兔
寶寶熊
精靈豚
佼佼虎

繽紛象

奇怪，
怎麼大家變得
這麼愛生氣啊？

對呀！
每個人都沒耐心
又很容易暴怒耶！
到底發生什麼事了？

寶寶熊

那該怎麼辦呢？
我不喜歡
大家這樣的壞脾氣，
我們能做些什麼
來救救大家嗎？

霹靂兔

大家都靜下來思考，
但是一籌莫展的
看著對方。

我知道了！
我們可以去找我們的
神奇寶物呀！
那可以拯救
水晶情緒王國！

精靈豚

「神奇寶物？」
大家異口同聲很驚訝的問。

在上個世紀的傳說中，
我們神獸的祖先，
留下了具有神力的寶物，
會在適當的時候，
出現在世界的某個角落，
幫助我們拯救世界。
聽說一旦接觸了寶物的神力，
就會讓每個人擁有好情緒，
產生開心的心情……

精靈豚

沒錯！
我小時候聽爺爺說過，
現在這些神奇寶物
好像被藏在 EQ 神秘島裡。
可是，聽說要去 EQ 神秘島
沒那麼簡單耶！

奇幻鷹

聽說沒有捷徑，
要先經過非常酷熱的火鳳凰島、
沒有任何生物的埃及傳說島、
毒蛇猛獸群聚的巨岩島、
溫度極低的冰雪極地島，
最後才能到達……

寶寶熊

佼佼虎

沒關係，
相信只要我們團結起來，
一定可以突破困難，
找到神奇寶物的！

小朋友們，你們準備好跟著六隻神獸一起去尋找寶物了嗎？遊戲開始前，有幾件事情要請小朋友注意：

① 看到「轉盤」了嗎？這是神獸的交通工具，轉到多少，就代表能走多少格唷！

② 遇到「臉譜石像 」代表要做出和石像一模一樣的表情，否則它不會讓你繼續前進的。小心！拒絕模仿還會被趕回去，倒退一格唷！

③ 遇到「驚嘆號 」就代表有事情發生了，請從「情境卡」盒中抽出一張情境卡，了解問題後設法解決，如果情境卡上出現「 」（冰塊符號），就代表你要先抽出一張「冷靜卡」，並完成上方的指示動作，再選擇正確的回應水晶解決情境卡狀況。

④ 只要完成任務都能獲得錢幣，有了足夠的錢幣，你就能輕鬆通過四個守門人的阻攔（繳交入島費），他們分別會在火鳳凰島、埃及傳說島、巨岩島、冰雪極地島等著你。

⑤ 在路上，你可能會成為勇士幫助別人得到錢幣、有重大發明多前進一步，但也有可能遇到強盜，令你的錢幣損失。

　如果你有勇氣積極面對，相信一定可以幫助水晶情緒王國的人民重新擁有好情緒；但如果你在途中生氣了，神獸就會帶你到「休息島」充電一下，直到你充飽電再重新出發。

　準備好了嗎？ 那麼現在就挑選一隻你最喜歡的神獸， 開始遊戲吧！

# 第一章

# EQ 情緒力：

## EQ 可以靠後天教育，
## 是孩子未來成功的秘密

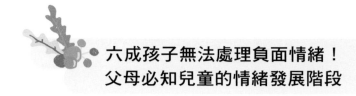

## 六成孩子無法處理負面情緒！
## 父母必知兒童的情緒發展階段

很多父母常問我：

孩子每天在家「歡必霸」，動不動就生氣、尖叫、愛哭、躺倒，情緒一來就飆到最高點，完全沒有讓父母可以好好溝通的機會；大家也都知道要當民主的父母，但好好說總是沒用，耐心總是有限，最後都要弄到父母生氣，孩子才會收斂一點，但大人真的很不想這樣，到底該如何面對孩子的脾氣？

在孩子鬧情緒的當下，大家都希望能立即得到特效藥，讓他們馬上不哭、不生氣。但解決情緒就好比大禹治水──重在疏通不在防堵！疏通，指的就是引導式教育，讓孩子找到解決方法，讓大腦的神經迴路觸類旁通、有更多連結，以行為引導的方式，孩子的情緒就會有出口，才會聽進大人的話。

面對孩子的情緒，相信大家都曾聽過：「就忽略他，孩子只是在吸引你的注意力！」但「忽略」這招說來容易做起來卻很困難，因為很多孩子反而因為你的忽略，變得更生氣，窮追猛打，脾氣更差。爸媽都有在教，小孩為什麼會這樣？到底什麼時候才是最好的教育時機？

其實，要帶孩子遠離負面情緒不難，但要一點一滴累積，而且絕對不是在孩子「鬧情緒」的時候才開始教育孩子的壞脾氣。因為這時孩子的大腦，已是「情緒腦」（例如：杏仁核）所主宰，可以理性溝通思考的理性腦（前額葉）退居幕後，我們在當下所做的教養，很多時候都可能是在火上加油。

這也就是為什麼，許多父母很苦惱的回應：「每次在當下都會跟孩子好好說，但為什麼他們就是無法停止情緒？」其實，鬧脾氣的當下，大腦總指揮把感官都關起來了，任何建議都完全看不見、聽不進去；那麼，究竟該如何進行情緒教育？首先，應該先了解情緒發展。

根據梅里·伯洛克（Merry Bullock）和詹姆斯·A·羅素（James A. Russell）兩位情緒專家的分類，兒童情緒的發展可分為四個階段：

❶ 嬰兒的察言觀色（覺察人臉、聲音、姿勢改變）。

❷ 嬰幼兒開始尋找使用臉部表情，幫助自己表達感覺及情緒。

❸ 兒童情緒認知提升，知道在何種情境背景下可以使用什麼情緒。

❹ 將表情、表達、情境結合起來，透過經驗建立情緒藍圖。內化成能力後，日後大腦就可以快速提取這些經驗。

**❶ 嬰兒的察言觀色**
**（覺察人臉、聲音、姿勢改變）**

**❷ 嬰幼兒開始尋找使用臉部表情，**
**幫助自己表達感覺及情緒。**

**❸ 兒童情緒認知提升，**
**知道在何種情境背景下可以使用什麼情緒。**

**❸ 將表情、表達、情境結合起來，透過經驗建立情緒藍圖。**
**內化成能力後，日後就可以快速提取這些經驗。**

此外，從發展心理學探討，針對孩子的情緒成熟，可歸納出大致的里程碑（表一），了解這樣的發展歷程，可以協助父母觀察孩子情緒發展的快慢，增進親子關係！在過去，父母總是比較容易觀察到孩子的語言學習問題、動作發展問題、認知學習問題，但往往忽略了「情緒行為」問題，而錯過了情緒的可塑期，這有三個可能性：

1 我們對兒童情緒發展不夠了解，而且其他的兒童發展向度一但有問題，比較容易被父母察覺，父母也會比較謹慎及尋求專業協助。

2 許多主要照顧者可能會落入「長大之後就會變好」的迷思，將情緒行為問題完全歸納到「孩子年齡太小」所以還不懂事，才會無法溝通。

3 穩定的情緒行為是未來的社交發展、學習發展、人格發展、身心健康等基礎，而許多父母都是第一次當 2 歲、4 歲、6 歲孩子的父母，對於這其中的關連性，了解的並不夠深入。

因此，我必須告訴這個世代的父母，兒童的情緒教育，遠比過去任何一個世代重要，應該要快速推動情緒教育的知識改革，也要有具體的課綱，讓孩子可以練習。

### 兒童情緒發展里程碑（表一）

| 發展年齡 | 情緒行為發展 |
| --- | --- |
| 0～5 週 | 滿足、驚嚇、討厭、苦惱 |
| 6～8 週 | 高興 |
| 3～4 個月 | 生氣 |
| 8～9 個月 | 悲傷、害怕 |
| 12～18 個月 | 情緒感染、害羞 |
| 2 歲 | 驕傲 |
| 3～4 歲 | 罪惡、嫉妒、簡單同理心 |
| 5～6 歲 | 擔心、謙虛、自信 |
| 7 歲以上 | 複雜同理心、社會觀感 |

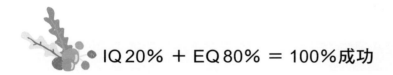

## IQ 20％ ＋ EQ 80％ ＝ 100％成功

　　臨床十多年來，我發現來天才領袖評估整體發展的孩子，其實 IQ（智力商數）都不差，但情緒的成熟度及心智行為，都讓父母非常擔心，縱使孩子已經上了小學一、二年級，仍然情緒很多，有些是玻璃心、愛哭，有些是暴怒愛生氣，有些則是在社交人際的互動上，有很大的問題，被認為是很白目而看不懂臉色的孩子。隨著孩子年齡越來越大，這種 IQ 快速發展但 EQ（情緒智商）卻嚴重落後的情形，讓現在的學齡前及

學齡的孩子，產生 IQ 與 EQ 權重失衡的現象，深深的影響了他們的心智成熟度（圖一）。

少動機
缺乏同理心
較自我、未能自省
不善處理人際關係

EQ

IQ

高思考力
具邏輯性
能學習及融會應用
善分析及組織知識

**現在孩子 IQ 及 EQ 能力失衡**（圖一）

　　這使我想到，知名的美國心理學教授克里．摩斯（Kelly Morth）曾經提過重大的發展學看法，他認為「IQ 20％＋ EQ 80％＝ 100％成功」，這樣成功人生的比例，與現在孩子的行為發展，產生嚴重的落差；現在多數孩子，正面臨情緒風暴的侵襲。這現象不免讓人非常擔心，因為造成嚴重的「聰明絕頂的孩子很多，能控制脾氣的孩子很少」，這些生在快速變動、混亂分心世代的孩子們，離成功自信的人生目標，越來越遙不可及。這樣改革智力論的力量，是人類發展及行為學演進上非常重要的一步，它提醒著我們：世界正在改變，孩子也正在改變，找到與時俱進的教養，非常的重要；也因為如此，醫界、學界及教育界都希望家庭更重視孩子的 EQ 發展。

　　學者約翰．梅爾（John D. Mayer）和彼得．薩拉維（Peter Salovey）認為，EQ 表現對促進個人健康非常相關，根據其內容更進一步的推論，

何謂 EQ 高的孩子呢？就是能將察覺情緒、評估情緒、表現情緒及管理情緒處理得細緻的孩子。

## 父母必知：高 EQ vs 低 EQ 行為表現（表二）

| 20 種低 EQ 行為 | | 20 種高 EQ 行為 |
|---|---|---|
| 跋扈、倔強、對抗 | | 有魅力、有耐心、有恆心 |
| 冷漠、易心煩易亂、漫不經心 | | 熱情、意志堅強、可預測的 |
| 任性自負、好爭鬥、被動 | | 自信、有抱負、主動 |
| 苛求、完美主義、愛挑剔、找麻煩 | | 細緻、認真、明察秋毫、有系統 |
| 自私、難伺候、易批評、不善聆聽 | | 友善、溫暖、有說服力、善於聆聽 |
| 拒絕變化、感受遲鈍、浮躁 | | 靈巧、果斷明確、前後一致 |

常常很多父母來找我，一開口就說：「我的孩子不會管理自己的情緒！」我跟孩子互動後經常發現，孩子連觀察他人的情緒（察覺）、判斷他人的情緒（評估）都不會，又怎麼能表達自己內在的情緒（表現），進而管理自己的情緒呢？因此，關於 EQ 的四大關鍵，父母過去了解的並不多，我們在此必須從頭開始學，並融合在孩子的教學及教養裡，才能改造他們的行為，也改善親子關係。

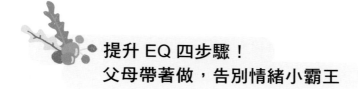

## 提升 EQ 四步驟！
## 父母帶著做，告別情緒小霸王

### 關鍵①：促進孩子察覺情緒

很多孩子經常無法感覺到周遭人的表情或情緒變化，例如：媽媽已經在生氣了，孩子卻還在嘻皮笑臉；同學已經被弄得不開心了，孩子卻依然故我的為所欲為。這些都是現在學齡前及學齡的孩子們常發生的問題。

想改善這種情況，父母及老師可以經常分享自己的情緒感受讓孩子知道，例如：「你拿了別人的東西，媽媽覺得那個孩子的表情已經不一樣了耶！你看看他的眼睛，還有，他也嘟了嘴巴，好像很難過的感覺，你看看⋯⋯」不論是喜怒哀樂，就像教孩子說話，將詞彙輸入進去，孩子有朝一日就能提取出來使用。

或者，從繪本故事中及媒體中，去建立孩子的感受和同理心，最重要的是「互動」，要詢問孩子在過程中看到了什麼及聽到了什麼，如果不正確就加以引導，建立孩子第一階段察覺情緒的基本功。

### 關鍵②：使用情緒經驗幫助思考

情緒經驗，應該要常常與孩子討論，就像學習一樣，經過討論的內容會讓記憶更加深刻。例如：當孩子從故事中聽到「睿睿正在玩汽車軌道組，可是另一個孩子翔翔衝過來，連說都沒說就拿走一臺車子，睿睿

馬上尖叫大哭了起來！」

　　年齡還小的孩子聽完這個故事後，通常都有兩個反應：❶翔翔好壞！❷睿睿哭得好可憐！但父母有沒有發現，孩子這些單純的答案都只是「現象描述」及「觀察」而已，並沒有進一步思考與內化，於是，這樣的情緒事件或故事，並沒有讓孩子學到太多東西。

　　要幫助孩子情緒學習，最重要的就是要跟他們討論及協助思考，可以這樣引導：「睿睿為什麼會哭啊？」「你覺得翔翔為什麼要用搶的啊？」「換作是你，也會尖叫大哭嗎？」「那你那個時候會怎麼辦啊？」

　　讓孩子學會感受並充分討論，正是情緒教育的重要關鍵，可以幫助孩子內化，增加更多問題的解決能力。

### 關鍵③：教導孩子了解更多複雜情緒

　　如果將情緒行為作最簡單的分類，通常會分為天生的基本情緒，例如：喜悅、憤怒、悲傷、恐懼、厭惡、驚奇；以及後天習得的複雜情緒，例如：尷尬、愧疚、害羞、驕傲、自信等其他可能與道德相關的情緒。大腦裡的情緒處理是相當複雜的，並非單一區域在負責所有的處理，更好的解釋是，連單一情緒處理都需要大腦裡的多個區域來加工，才能完成情緒生成。

　　複雜的情緒需要靠後天學習，所以「經驗」是決定大腦情緒迴路是

否建立的重要因子，一但在敏感期建立，孩子日後的社會化也較好。

　　有些研究情緒的學者認為，情緒是二分法、四分法，學者詹姆斯·羅素曾提出「情感的環形模式」，認為情緒可先按類型分為「正面」和「負面」情緒，再按強度分為「喚醒」與「未喚醒」，處於下圖中越高位置的情緒越激揚，處於越低位置的情緒越不活潑，處於越左方的情緒越負面，處於越右方的情緒越正面，其中的開心、輕鬆、厭煩、驚恐就是情緒四個基本區域的典型代表。情緒的分類呈環形，表示情緒的悲喜類型與強弱程度成反比，即越愉快或越不快的情緒越趨中度，越強烈或越不活潑的情緒也越近不悲不喜。

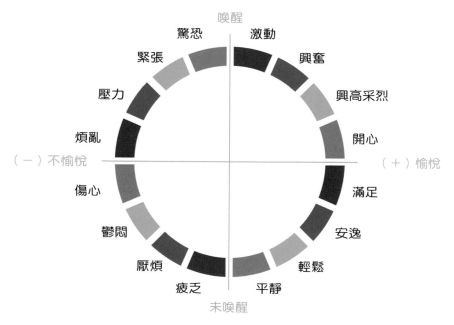

詹姆斯·A·羅素於 1980 年所提出「情感的環形模式」（A circumplex model of affect），表示情緒是由「愉悅」（pleasant）和「喚醒」（activation）兩個層面所組成的。（圖二）

但也有學者指出，情緒是「混合理論」及「光譜理論」，羅伯特‧普拉奇克（Robert Plutchik）就認為，八個基本情緒是四個情緒光譜的兩極：歡樂與哀傷相反，憤怒與害怕相反，信任與厭惡相反，期待與驚奇相反。不適用於光譜的情緒是一些基本情緒混合產生的，就像三原色可以混合成很多種顏色，例如：厭惡發展到極致是嫌惡；憤怒和厭惡混合是鄙視；厭惡和恐懼混合是不安；歡樂和信任混合是愛。但一般人都不太清楚自己到底在哪種情緒裡，這些情緒背後又交雜著什麼樣的因子，更何況是我們的孩子呢？

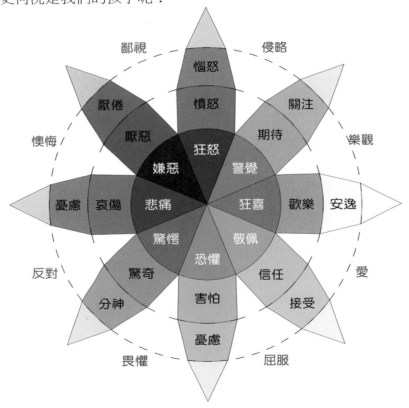

羅伯特‧普拉奇克所提出的情緒輪（emotional wheel）。（圖三）

因此，根據我的臨床觀察，孩子的情緒光譜非常值得討論，尤其是在研究情緒發展上。有些父母可能會發現，很多孩子一生氣起來，就會非常暴怒；一開心起來，就會非常亢奮；一哭起來，就要非常大聲，好像擔心別人聽不到……這種情緒行為讓父母非常苦惱，因為根本沒有時間和機會可以好好跟孩子講道理，也找不到讓他們冷靜的方法。我稱這種兒童情緒的表現為「站在天平的兩極」，因為還沒有成熟，所以極端的呈現。這跟光譜理論有很大的相關，因為孩子的情緒就如同電扇只剩下開跟關，沒有 0、1、2、3 的漸強及漸弱。

所以，很多孩子的情緒爆發並沒有程度之分，造成父母措手不及，這是現代父母所面臨的巨大挑戰。

### 關鍵④：發展孩子自我管控情緒的能力

情緒不該由別人管，而是由自己管！

所有的情緒引導最終都是希望孩子建立自己管控情緒的能力，所以家長及老師應該隨時提醒孩子自己建立幾個面對情緒的方法；或在情緒當下，引導孩子思考之前的策略，才能真正發展出成熟的情緒管理能力。

教育心理學者羅嘉怡和余榮軍曾提出情緒和認知相關理論，在我們日常生活中的交互影響模式（如下圖），當情緒過度時（情緒誇大）就會影響認知判斷力，例如：孩子平常都知道不可以打人，但倘若真的有小孩搶走了他的玩具，驚嚇難過之餘，他可能會立刻動手；當我們認知消耗過度時（例如：工作了一天，頭腦已有耗盡的感覺），判斷任何事情就很容易讓情緒出頭，所以孩子放學後好像特別「歡」、特別「盧」、特別失控，其實就是一種「大腦當機」、過度消耗的現象！

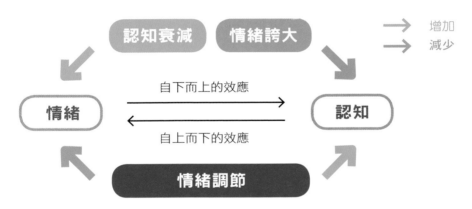

情緒和認知的交互影響模式（interactive influence model of emotion and cognition, IIEC ）。（圖四）

　　但這狀況也並非無解，大腦還有一項厲害的功能就是「情緒調節」，可以利用注意力的重新分配、換個想法或是調整反應方式，來達到減少情緒表現，強化理性決策的能力。例如：孩子放學回家，正想輕鬆一下，媽媽就嘮叨：「你作業寫完了嗎？」孩子的厭煩情緒有可能一股腦就上來，回應：「等一下啦！」結果換來的是媽媽的不滿：「你怎麼這麼沒

禮貌，本來一回家就是要去寫功課，你為什麼可以在這邊玩⋯⋯」然而，情緒調節功能佳的孩子，可能在厭煩情緒上來時，腦袋就會先出現一個念頭：「如果回『等一下啦』就會很慘（後設認知），媽媽其實只是問一下而已（換個想法），我不需要對這句話這麼反感（調整反應）」，接著認知聰明的主導回話：「還沒，不過我五分鐘後就會去寫」，如此，不就相安無事了嗎！

## 情緒一秒爆炸可以訓練

　　教導孩子複雜情緒及情緒程度這一課，我認為很重要的兩個教育是：示範、分享。

**示範：**

有些孩子聽到「這個『不行』買」的時候，馬上就會暴跳如雷般生氣，這時父母的引導可以採「示範」的技巧，例如：「你可以問媽媽，什麼東西是可以的？」「你可以問，要怎樣才能得到？」「你可以問，要等多久？」這些引導，很多父母試一兩次就放棄了，我覺得相當可惜，因為就像挑食的食物一樣，總要多試幾次才會成功，太早放棄訓練最終都會回到跟孩子僵持不下的窘境，孩子自己也不知該怎麼辦。

溝通當下，其實就是在訓練孩子的情緒不要立即反應，再接著訓練之前提到的，情緒是有程度、有光譜的，不要一觸即發。「情緒不反應期」越長的孩子或成人，通常是一個高 EQ 的人。

**分享：**

經驗分享也相當重要，別讓孩子覺得，每次都是他因為脾氣不好而被所有人批評。例如：「媽媽今天早上忘記幫你帶便當盒了，我非常緊張又氣自己，於是用跑的、用衝的，覺得自己怎麼這麼糊塗，都快尖叫了。但後來想想，吃便當是中午的事，忘了帶也沒什麼大不了的，中午前送到就好，我好像有點大驚小怪了。原來我也會這麼急、這樣失控亂生氣啊！」

多數孩子喜歡聆聽大人這些經驗，他們心裡會想「原來不是只有我會這樣，我不是墊底的」，另一方面也會覺得「你真的有點太誇張了！」這種分享經驗非常重要，因為透過判斷及分析出「你這樣的情緒真的有

點太誇張了」，才能內化「那我有時暴跳如雷，是不是也太誇張了呢？我是不是可以不用那樣呢？」這是一種自我監控的成熟歷程，在心理行為上被稱為「後設認知」（metacognition）。自從約翰・弗拉維爾（John Hurley Flavell）於 1978 年將個人控制及引導心智歷程的現象稱為後設認知後，後設認知便逐漸引起關注，並應用在不同的學習情境。截至目前，後設認知的研究與應用包含智障生與低成就兒童的學習、科學領域與閱讀理解的學習，以及問題解決等；如同孩子在學習後，了解自己能力有多少的歷程——例如玩跳棋時，會先在腦海模擬這樣走可以走幾步，可以怎麼樣比較快到達位置，所以才選擇走那顆棋。

　　每一次的情緒經驗，如果能好好教育及溝通，就會養成孩子主動監控自我情緒的習慣，在大腦中形成「新的迴路」，透過成功的經驗建立起自信及成就感。

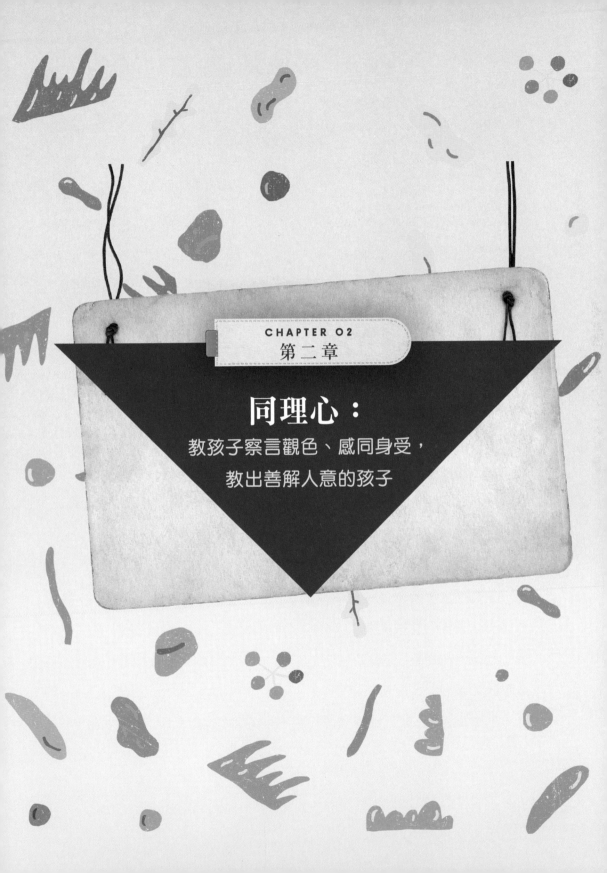

CHAPTER 02
第二章

## 同理心：

### 教孩子察言觀色、感同身受，
### 教出善解人意的孩子

## 尊重孩子，也要教他尊重他人，否則以後會目中無人

「為什麼我不能得到？」

「為什麼我不能先？」

「為什麼我一定要最後一個？」

在孩子成長的過程中，常常會遇到很多霸道、為所欲為、予取予求的狀況，他們的眼中都只有自己，跟父母溝通或在學校和同儕相處時，這些孩子的自我中心都非常強。

若孩子的年齡較小，我倒覺得無所謂，因為在孩童心理學發展上，他意識到「自己的行為」能力還很弱，他的世界裡沒有「你他」，只有「我自己」，所以需要別人來提醒。但當孩子5歲甚至讀小學之後，若依舊很自我中心、目中無人，這就跟「教養」及「同理心」有關。

太過民主變成放縱，太過嚴格導致孩子情緒問題一堆，同理心應該如何教？教養的底線應該怎麼拿捏？這是許多父母頭痛的問題。孩子同理心開始成熟的時間約落在4至5歲，此時應該要結合情緒教育一起教，這點非常重要！

先舉個例子，有天我接孩子下課，回到家後我對他說：「先去洗手，

因為你在學校一天了，而且現在腸病毒盛行……」沒想到孩子卻回答：「不要！」然後在一旁顧著玩。這時候，可能會出現兩派父母回應，一種是「再不去，你就給我試試看！」另一種是「那就先不要洗，想洗時再跟爸媽說。」這兩種回應在我看來都是一種「極端」，前者是過度嚴肅、打罵，後者是過度溺愛。

父母可以選擇這樣回應：「如果不洗手，可能會得腸病毒，而且不只你自己一個人生病，可能還會讓別人生病，讓同學、哥哥或是心愛的爸媽生病，你要這樣嗎？」若孩子還是說：「對！我就是不想洗手！」雖然這不見得是他的真心話，但你已盡了父母的責任了，接下來就該給予一些限制。

透過這樣的溝通，主要想傳達一個觀念給孩子：你的一舉一動都會影響到別人，不是只需要觀察「自己」而已。父母要尊重孩子，但應該也要教孩子尊重別人，這個觀念若沒有從小開始教，孩子長大後極有可能變成「目中無人」。

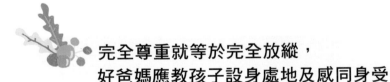

## 完全尊重就等於完全放縱，好爸媽應教孩子設身處地及感同身受

有次我帶孩子去百貨公司，停完車等電梯時，剛好旁邊有臺繳費機，有個男孩一直按機上的服務鈴，機器那頭馬上傳來：「請問有什麼

需要幫忙嗎？」男孩一臉嚇到的表情，可能心想「怎麼會有人！」而他的父母在一旁全都看在眼裡，卻選擇置之不理，沒有禁止。1 分鐘後，男孩又按了第二次，父母輕描淡寫的說：「過來，不要再玩了。」帶著一種「事情又沒有很嚴重」的態度回應，完全不知道（或知道也不理）自己的孩子已造成別人困擾。

可能有很多大人覺得：「小孩子就是愛玩，有什麼關係，等他大一點就會好了，幹嘛大驚小怪！為什麼不能尊重孩子？」但父母這樣的舉動究竟是「尊重」還是「假民主」？當孩子正在做一件錯誤的事時，父母不能像這樣還站在他的立場、幫他找台階下，因為教育需要「民主」也需要「法治」，說道理時應帶著嚴肅的語氣，例如：「為什麼你可以這樣按？」「你有看到其他人這樣玩嗎？」若非如此，反而會使孩子不懂得尊重他人，就像上述的男孩一樣，造成他人麻煩。

許多父母會質疑：「為什麼一定要凶孩子？」但在某些情境下，如果不稍微嚴肅一點，孩子並不會照做。例如：孩子在大馬路上亂跑，當下狀況完全不允許有任何一次失誤，否則很可能會失去生命，這時若還選擇溫柔勸導：「不要再跑了。」會有效嗎？在管教時，有時態度嚴肅一點、語氣硬一點、聲音高一點，只是為了傳達給孩子：「我真

的很重視這件事，你不要再開玩笑了。」若父母選擇凡事都尊重，最後就會變成放縱！

還是有很多以孩子為出發點、尊重孩子、認為孩子還小就可以為所欲為的爸媽，但管教需要勇氣，該管就要管，無論是一次教訓、警告都可以，最重要的是不能體罰；態度可以嚴肅一點，甚至限制孩子的行為，請他去冷靜區（休息區）待一段時間。有許多人倡導「絕對不能『限制』孩子」，但如果連限制他「好好冷靜情緒」都不行的話，這樣的孩子長大後可能不會將社會規範看在眼裡。

給予合理的限制是很重要的，而且教養一定要「設底線」，例如：「我再給你 3 分鐘，等一下我們就去洗澡。」你已經設下底線，讓孩子知道答應後就必須要遵守，否則就會失去父母的信任。

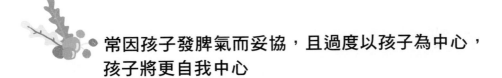

## 常因孩子發脾氣而妥協，且過度以孩子為中心，孩子將更自我中心

許多人常以孩子為中心，這樣的父母會因為「都沒有想到自己」而活得非常累，應該要帶領孩子去觀察父母、尊重父母，教導他們思考：父母也可能會肚子痛、父母也可能會生氣……否則孩子往往只會想到「我要的東西，別人能不能給我？」父母應該要將孩子帶入社會，觀察整個群體，也應該以「家」為中心，絕對不能以孩子為中心！

之前有則社會新聞，一對情侶在高速公路上吵架，男子非常生氣，瞬間拉起手煞車，導致後面四臺車追撞，釀成一死八傷的慘劇。我們在教養中提醒情緒教育，就是希望不要長大了才來教育，這時候情緒行為已經定型，可能也從小習慣於「不必為別人著想」的行為；其實「自私」也是教出來的，孩子在該發展「觀察別人」的時期，父母仍選擇無上限的尊重他，並認為「孩子是獨立的個體，不該強迫他，要讓他盡情發展自己。」但「在乎別人」與「判斷是非」的能力，應該從小就開始教育，因為根據腦科學研究，大腦「判斷是非」的能力必須等到 20 歲左右才發育成熟，在這之前，完全的尊重就等於完全的放縱，可以觀察孩子的發展，適時的協助，但絕對不能凡事都放手讓孩子自行做決定。

## 孩子的自制力還沒成熟，父母要適當介入（圖五）

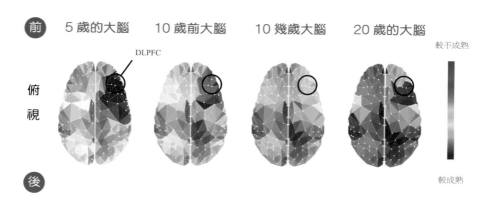

研究報告顯示，大腦「判斷是非」的能力，約到 20 歲才成熟，
DLPFC（Dorsolateral Prefrontal Cortex）為背外側前額葉，
顏色越偏紅，代表尚未發育完成；反之，顏色越偏藍，代表已發育完成。
資料來源：Gogtay N、Giedd JN 等人於 2004 年的研究報告。

美國底特律醫院的哈利‧柴加尼（Harry Chugani）教授認為，無論學習數學、英文、音樂等才藝技巧，只要肯努力，在任何年齡層都能學好；但情緒、品格、規範等品德則必須從小開始教，因為研究證實，情緒管理的發展關鍵是在 5 歲左右！所以，若孩子胡鬧、不守規矩、在捷運上大吼大叫，或是在馬路上四處亂跑，這時父母若還是選擇「尊重」他，有可能等到大腦關鍵期過了，孩子的情緒就定型了！

　　沒底線，孩子會變得很自我，情緒教養最重要的就是「設底線」！若講道理沒用，就要給予限制（但非體罰或是完全沒重點的斥責），因為限制會讓他去思考，一旦思考，教導就能被聽進去了！透過關心、訓練、設底線，就能刺激孩子理智的神經迴路連結，孩子進而擁有自我管控情緒的能力。

# 第三章

# 情緒控制：

## 孩子可以大膽生氣，
## 但要學習控制衝動與脾氣

## 孩子怒氣沖沖時，
## 大人的 NG 語言及錯誤情緒教養

**NG 1 封鎖型**

你怎麼可以亂生氣？
再哭我就處罰你！

**NG 2 不傾聽型**

這有什麼好生氣的？
不過是一點小事！

**NG 3 情緒勒索型**

你再給我生氣，
我就不愛你了！

**NG 4 翻舊帳型**

你上次也不聽話，
每次都愛生氣！

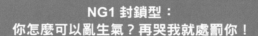

**NG1 封鎖型：
你怎麼可以亂生氣？再哭我就處罰你！**

　　在孩子的世界裡，生氣就是生氣，沒有什麼「亂生氣！」應該要教孩子調節自己的脾氣，而不是完全不能發脾氣，這也是很多情緒研究中

非常重要的關鍵，而我們卻經常做錯。當你要求一個正在生氣哭鬧的孩子「不准生氣」時，孩子只會覺得自己做不到，有時反而還會累積能量，發出更大的怒氣。

有些父母會說：「可是當下狠狠的凶一頓，經常很有用，孩子就是太囂張了，不可以讓他予取予求。」凶一頓為何會有效？原因就在於：在上述孩子大腦當機的狀態下，用一個更強烈的刺激重建孩子的目標；當下或許可以有效壓制，但也有可能產生幾個更嚴重的問題：

❶ 孩子的大腦，會習慣對於這種強烈的情緒（吼罵）才有反應，特定刺激在日積月累下制約了大腦。簡單的說，就是：一旦你不大吼大罵，孩子的哭鬧就不會停。

❷ 孩子會模仿及學習大人的情緒強度，於是，在這種教法下成長的孩子，有些情緒強度會非常強、易怒、易暴躁，一點小事就產生很大的反應，小題大作的頻率非常高，這其實就是從小透過內隱記憶模仿大人的情緒而來。有些父母會說：「但我是在『教』孩子啊！」重點就在於孩子搞不清楚你是在教、還是在示範，這些都會統統存進他的大腦裡。

❸ 另外一群愛生氣、愛哭卻在強烈打罵下長大的孩子，長大之後的人格可能會非常壓抑。心理學發現，情緒也是孩子的一種溝通工具，大人完全封鎖他們的情緒傳達，就是阻止了孩子的社交溝通，也許會嚴重到讓孩子社交退化、語言退化、同理心退化、無法發展複雜的情緒等，造成退縮及自責型人格。

**NG2 不傾聽型：**
**這有什麼好生氣的？不過是一點小事！**

很多時候，大人認為的小事，是孩子的大事！當孩子哭鬧一兩次，父母還能理性溝通，但如果是習慣性哭鬧，再有耐心的父母都會受不了，這其實是每一個家庭都會遇到的狀況。

「失去耐心傾聽」我覺得不算嚴重，我常在第一現場觀察到最糟糕的狀況是「父母經常做了火上加油的教養！」例如：失去耐心後對著正在哭鬧的孩子說「這有什麼關係」「這樣也要哭」「你真的很愛哭耶」，這些沒有同理的話千萬不能在當下輕易說出口，因為孩子的心裡會覺得：「你看，你就是不懂我在氣什麼，不懂我在哭什麼，所以我要哭得更大聲，才能讓你知道我覺得這件事有多重要。」

你也許會認為，孩子為何不能好好說？為何不能用語言來溝通？為何非得這樣鬧？但其實他會覺得自己已經在溝通了（只是大腦、語言、情感交流及心智等尚未成熟），不過大人就是收不到他想表達的訊息、

進不去他的世界，所以必須選擇最強烈的手段，讓身邊的照顧者重新重視他的感受。

這類型的說法通常即是陷入一種情緒勒索，以親子間的親密關係當賭注，希望孩子可以達到大人的期望，這不但不能改變孩子的情緒，反而會帶來許多壞處。例如：孩子在情緒來的當下，可能缺乏安全感，在聽到照顧者拿愛與親密當籌碼後，情緒反而變得更急、更進退兩難，因為孩子希望他的情緒有出口，同時，他的避風港也不會消失，但卻被逼著面對二擇一的窘境，這會造成心理發展過程中嚴重的矛盾與衝突。

再者，若習慣於情緒勒索教養，孩子也可能出現模仿行為，以這種方式反饋給主要照顧者。例如：孩子一生氣就會跟父母說「我再也不要當你的小孩了！」「你如果不買給我，我就離家出走！」「我最討厭媽

媽了，我要讓妳沒有我！」「你不聽我的，我再也不跟你好了！」這些其實都是模仿來的，最後卻會讓親子陷入情緒勒索的惡性循環。

**NG4 翻舊帳型：**
**你上次也不聽話，每次都愛生氣！**

跟孩子講道理時，一定要記得就事論事，否則就會失去教養的焦點。

例如：孩子不收玩具，父母請他立刻收拾，很多孩子就會生氣，這時我們可能會回應：「每次都不收，到底是誰教你這種壞習慣？」孩子會接著答：「哪有每次？我上次就有收！」結果父母又回：「上次還不是看電視看到忘我，哪裡有收？」親子間就開始針鋒相對了，早已失去當初教育的重點。

這種翻舊帳的話語，除了讓孩子無法明白你到底要教什麼之外，也會常常讓他們很不服氣，更想挑戰父母的權威。除了別不知不覺轉移焦

點外，當孩子轉移話題時，一定要理性及淡定的再次告知目標，以溝通取代發飆的教養，才能漸漸的遠離每天都在「叫養」。

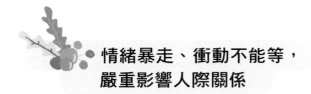

## 情緒暴走、衝動不能等，
## 嚴重影響人際關係

父母不難發現，孩子的社交能力差，常常是受到「情緒管理」及「行為控制能力」不佳所影響，這樣的孩子會讓其他孩子不敢接近、私下貼標籤排除在圈圈外，甚至還可能無法加入團體活動，進而影響人際關係；隨著年齡越來越大，一直陷在自我中心的惡性循環裡，一方面想要有好朋友，另一方面卻怎麼樣也交不到朋友，面臨更大的挫敗感。

孩子的情緒起伏過大，父母可以理解，但朋友或同儕卻無法包容，這會嚴重影響好不容易建立起的人際關係；而且這類孩子也很難告訴自己「我真的很不錯」來建立信心，隨之而來的情緒是「我很爛！我很差！反正我就是沒人喜歡」，這常是 EQ 不高的孩子進入團體生活後的第一個難題。

EQ 與「團體動力」「人我關係」環環相扣，許多研究發現，高 IQ 並不能保證孩子未來的成功，但高 EQ 的孩子進入社會後的許多表現（耐挫力、人際關係、問題解決能力等）都比一般的孩子強，為成功打下很重要的基礎。

所以，EQ 是下一代競爭力的培養重點，父母一定要提早多花點心思在觀察、引導兒童的情緒發展，如此才能累積孩子「調控情緒」及「自我控制」的能力，這種能力足以影響孩子一生，遠比學業成績還重要。

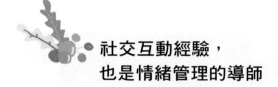

## 社交互動經驗，也是情緒管理的導師

社交技巧，係指表現出可被接受的行為模式，可以幫助個人獲得社會增強、接受或是逃避負面情境的能力。許多人問我：「為什麼臺灣校園學生霸凌事件持續存在？」其實研究發現，霸凌事件的主角通常隱藏著「不知該如何處理情緒」的問題。孩子的情緒教育從小不被

重視，將在未來的團體生活中，埋下很多未知的地雷。

訓練兒童社交技巧的主要目的，就是希望增加他們更多的同儕接納、正向行為及適應環境的能力，進而能肯定自我，達到更高的社會期許。你認為孩子必須從何時開始發展社交行為呢？普遍研究認為，其實從「嬰兒時期」就已開始發展「利社會行為」（prosocial behavior）了，

一個孩子的社會化發展並不是從上學後才開始，而是始於嬰幼兒時期。過去，保守的教養派認為「嬰幼兒不要常帶出門，否則會讓孩子更貪玩、更不好帶。」但若從現代的發展學來看，這絕對是錯誤的觀念，因為一旦減少社會化的經驗，孩子的情緒及脾氣也不會好。

利社會行為，是目前談到社交發展最常觀察的指標之一，指的是傾向去幫助或做出有益於另一個體或團體的行為。例如：應該不難觀察到自己的寶寶在 1 到 1 歲半時就會主動拿食物給媽媽吃，或拿玩具分享給大人，這些都是很鮮明的利社會行為例子。

戴蒙‧瓊斯（Damon E. Jones）於 2015 年發表於《美國公共衛生期刊》的研究指出，如果 6 歲前的兒童有較佳的利社會行為（例如：樂於助人、合作、善察人意等），在長達 20 年的追蹤裡發現，他們會比缺乏利社會行為能力的孩子，獲得較佳的學位和工作，且飲酒過量和犯法的機會也較少。這項研究歷經 20 年、追蹤了將近 800 名學生，結果顯示，孩子的某些社交情感能力，可能具有預測未來人生的成功率。研究中也指出，在幼兒園及小學中低年級時，就應積極教育孩子的社交人際互動，這樣的效益是可以長遠延續的。

由人類發展里程碑來看，社會化的過程需要更多個體間的觀察及互動。換句話說，社交能力要好，團體互動的經驗是非常重要的，這些成功的互動經驗，就會帶來啟動正向情緒的好處。很多家長喜歡討論兒童的能力到底是先天或後天，然而，現代兒童心理發展專家一致認為，兒

童的人際社交能力，除了受先天氣質的影響，更可以受到後天團體互動的經驗及環境的塑造。

因此，我們透過這本書及情緒桌遊，就是在告訴所有父母：兒童的情緒及社交技巧，都是可以被教導的。

根據法蘭克・M・格雷沙姆（Frank M. Gresham）等人提出的社會技巧發展，可以歸納出社交技巧引導的五大重點，若想讓兒童從自我中心行為的小小孩時期，成功銜接到團體互動的階段，父母一定要知道這五大心智成熟能力：

❶ **合作**：與人合作、團隊的觀念是否形成。

❷ **自我肯定**：自我成就及價值是否提升。

❸ **負責**：了解責任，對自我及他人負責的行為，是否逐漸成熟。

❹ **同理感受**：能否設身處地，站在他人的立場著想。

❺ **自我控制**：能夠根據經驗思考，漸漸有控制自己衝動及下一步的能力。

一個孩子進入團體後，能不能很快的適應，除了跟他本身的氣質有關以外，也跟家庭教育相關，父母才是孩子這輩子最重要的老師！此外，要教導兒童新的社交技巧時，通常會成功的策略是「利用生動的故事繪本」引起動機及孩子的想像；若能進一步透過演練及親子互動，則更能讓他們印象深刻，父母在教導這些社交技巧時，可採取有趣的方式練習，下頁以〈合作踢球的孩子〉故事引導為範例。

## （A）與人合作訓練

小龍（紅色球衣）正在參加一場足球比賽，球門前有三個小朋友擋住了小龍，但他身旁的隊友小恩正在等他傳球⋯⋯

➡️ 請爸媽帶著孩子看圖說故事，並以情境故事引導孩子思考討論，問以下問題：

❶ 你覺得小龍遇到什麼困難？

❷ 你覺得小龍該怎麼辦？（引導孩子聯想到團隊合作）

❸ 你覺得小龍如果不傳球，會有什麼結果？如果傳球，又有什麼結果？

## （B）自我肯定訓練

小龍傳球給小恩後，
小恩踢進了隊內的第一分，
結果兩人都高興的
跳了起來！

➡️ 請爸媽帶著孩子看圖說故事，並以情境故事引導孩子思考討論，問以下
　　問題：

❶ 你覺得小恩為什麼高興？

❷ 你覺得小龍為什麼高興？（希望孩子不只說出「因為他們贏了」，而是要
　　引導說出「因為小龍選擇傳球才贏了這分，他很開心自己做了對的決定。」）

守門員非常努力的在防守小恩及隊友們。

➡ 請爸媽帶著孩子看圖說故事，並以情境故事引導孩子思考討論，問以下問題：

❶ 你覺得守門員在想什麼？

❷ 場上每個人該做的事是什麼？

❸ 你覺得，場上如果有小朋友蹲下來拔草不踢球，會怎麼樣？

## （D）同理感受訓練

終場結束比分是 *1：0*，一隊孩子很開心，另一隊孩子很沮喪。

➡️ 請爸媽帶著孩子看圖說故事，並以情境故事引導孩子思考討論，問以下問題：

❶ 為什麼這隊的孩子在笑？（除了「因為他們很開心」或「因為他們贏了」之外，也引導孩子說出「他們都有做好自己該做的事，而且靠合作贏了比賽，所以他們很開心。」）

❷ 為何那隊孩子很難過？（除了「因為他們很難過」或「因為他們輸了」之外，也引導孩子說出「他們可能練習了好久，大家都很盡力，可是依舊沒辦法贏，所以他們很難過。」）

❸ 你覺得要怎麼跟他們說，輸的那隊才不會這麼難過？

（E）自我控制訓練

另一隊的隊員

統統坐在一起檢討作戰計畫。

➔ 請爸媽帶著孩子看圖說故事，並以情境故事引導孩子思考討論，問以下
　問題：

❶ 他們在討論下次想贏回來，你覺得他們在討論什麼方法？

❷ 比賽都是有輸有贏，你能不能幫他們想三個方法，讓他們比賽較不緊張？

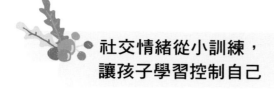

## 社交情緒從小訓練，
## 讓孩子學習控制自己

　　約瑟・A・達爾拉克（Joseph A. Durlak）等人在 2011 年的整合分析研究裡，綜合比較了約 27 萬位幼兒園至高中學生，結果發現：相較於對照組，接受「社交情緒教育」的學生不只學業表現高出了 11 個百分點，利社會行為（例如：友善、分享和同理心）及求學態度也較佳，憂鬱、壓力的感受較少。因此，社交情緒教育應從小就開始教，因為大腦掌管「判斷力」的「前額葉皮質」和掌管「情緒」的「邊緣系統」成熟時間不同，家長應該從學齡前就努力教導他們情緒控制能力。

社交情緒教育所包含的五大技能。（圖六）

成功的社交情緒教育包括五個主要技能：

❶ **自我認知（self-awareness）**：能察覺自己的想法、感受、目標和價值，甚至能察覺彼此間的關聯性。

❷ **自我管理（self-management）**：在達成目標的過程中，有能力調節自己的情緒和行為，包括延宕滿足、壓力處理、衝動控制等。

❸ **社會認知（social awareness）**：有能力去了解、同理和同情不同文化與背景的人，並能理解什麼是社會認可的行為。

❹ **建立關係技巧（relationship skills）**：能清楚溝通、主動傾聽、合作、抵制不當社會壓力、積極的協調衝突，以及適時的尋求協助。

❺ **負責任的決定（responsible decision making）**：有能力考量道德規範、安全、正確行為、自身及他人的自尊與自信，也能在評估各種可能後果之後，做出建設性的決策。

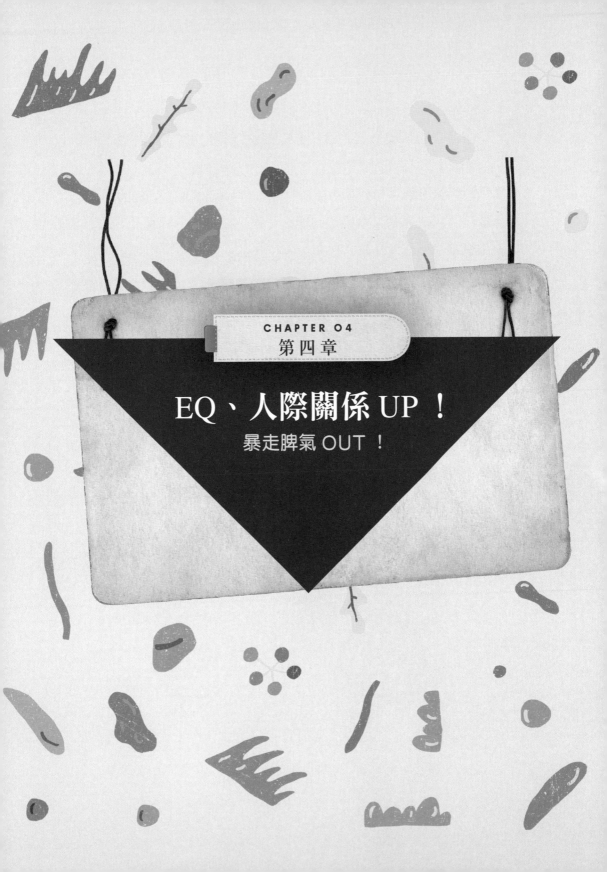

CHAPTER 04
第四章

# EQ、人際關係 UP！
## 暴走脾氣 OUT！

## 《勇闖 EQ 神秘島》的兒童情緒六大計畫訓練

　　EQ 情緒教育之父丹尼爾‧高曼（Daniel Goleman）認為 EQ 包含了以下技巧：自我覺察、動機、同理心、社交技巧、自我調節。因此我們團隊所設計的情緒桌遊——《勇闖 EQ 神秘島》從這五大要素延伸，為臺灣孩子打造這套遊戲，也是非常適合訓練兒童情緒發展的家中課程。

### EQ 的五大技巧（圖七）

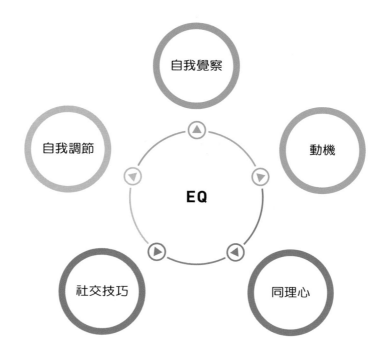

## 計畫①：透過自然遊戲來訓練，引起學習情緒的動機

在一次與各大出版社的會議中，我聽到了一件訝異的事：「現在的家長不喜歡陪著孩子玩桌遊，他們希望孩子可以自己玩，不用陪。」我說：「不玩怎麼可以練好情緒？」研究發現，在正向情緒的加持下，孩子學習的效率更高、記憶力更深；而且，如果不陪伴孩子，怎麼能確認孩子從中學到的是正確的處理方式，還是越玩越糟呢？所以，要做好社交情緒教育，除了要好玩，大人一開始的參與也是絕對必要的，因為此時孩子的大腦判斷力（後側前額葉）還未發展完全。

再者，親子關係對幼兒的「利社會行為」發展也有深遠影響，國內林惠娟教授在研究中指出，幼兒從家庭中經驗到的「愛」和「信任」，是促成學齡前兒童對人由衷表現善意的最大動力，而這無疑都是父母陪伴下累積出來的產物。

而「團體」當然也是社交情緒教育的重點之一，否則如何讓孩子演練去體會他人的需求或想法，以及自己的行為、情緒如何的影響他人。2015 年發表於《*Frontiers in Behavioral Neuroscience*》的學術研究旨在探討組間競爭性的活動對 321 位 2.5-3.5 歲及 5.5-6.5 歲幼兒之影響，結果發現，強調組間競爭的活動，有利於兒童的利社會行為出現。因此「團體」加「競爭」應能夠有效加強孩子的社交情緒，故我們選擇目前正夯的桌遊形式來介入。

### 計畫②：利用桌遊練習情緒表達，增加社交技巧

我常被家長問：「為什麼在教室裡，老師帶孩子玩桌遊，孩子就很投入、很開心，而回到家再陪他玩就意興闌珊？」我答：「因為少了一個故事。」

開始玩桌遊的年齡通常已經是 4、5 歲以上，這個年齡一直到小學的兒童，通常都喜歡挑戰、崇尚英雄、完成任務、驚奇的結果，而不喜歡教條式的規則、死板的內容，因此在設計這款情緒桌遊時，我們也特別編了一個故事，讓孩子易於融入角色裡。

研究顯示，社交和情緒的學習是發生在大腦的邊緣系統，它們最佳的學習方式就是不斷的演練、一對一的回饋，以及正向的動機，而角色扮演正是最佳模式。


### 計畫③：從遊戲中學會：情緒自己管，不必別人來管

你有沒有發現，孩子的情緒常說來就來，弄得大人一頭霧水。其實孩子也常搞不清楚自己在生什麼氣，在這種鬧不清楚自己感受下產生的情緒，其實是最難解的，一下要、一下又不要，搞的很多家長最後常因孩子的急躁或發怒而兩敗俱傷；因此，情緒教養的第一步，要從認識自己的情緒開始。

搞不懂自己的感受就無從控制情緒，甚至會越急、越慌、越氣，在這種情況下，家長試圖和孩子溝通常常是無效的，只會增加他們的心急

和情緒壓力。研究實證，當我們能了解自己當下的情緒狀態，就已經能夠開始安撫我們的神經系統；因此，設計團隊以孩子能理解的視角，深入淺出的玩出情緒認知，讓孩子了解在各種情境下出現的各種感受分別代表何種情緒，這樣的能力通常在孩子的語言能力達到一定程度時就該發展，3、4 歲前是大腦情緒控制的非常關鍵時期，給予的社交情緒經驗越多，通常發展也較好。（圖八）

　　認識情緒後，再藉由遊戲中的特別設計與規則架構，讓孩子無形中學會在情緒裡解決問題的方法策略、人際互動的正向價值觀與面對情緒問題的技巧。

## 情緒發展，在大腦有「敏感關鍵期」（圖八）

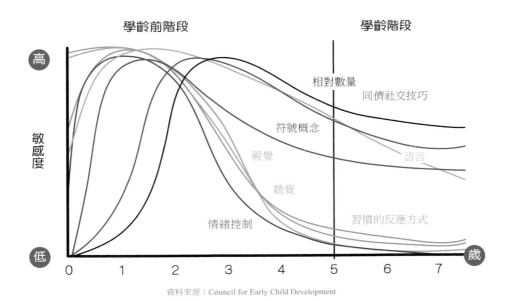

學齡前階段　　　　　　　　學齡階段

高

敏感度

低

0　1　2　3　4　5　6　7　歲

相對數量
同儕社交技巧
符號概念
視覺
語言
聽覺
情緒控制
習慣的反應方式

資料來源：Council for Early Child Development

**計畫④：遊戲替孩子寫下情緒程式，有助長大情緒自我控制**

「後設認知的情緒調控」指的是我們能清楚知道情緒和目標想法有關，依照過去的經驗，調整目前的想法或目標，就能改變自己的情緒。例如：你察覺到現在的壓力很大，可能會聯想到過去聽某些音樂能讓自己放鬆，接著便開始聽音樂，讓當下的負面情緒得到減緩。

這樣的情緒調控能力，你認為會在何時開始發展？根據 2010 年發表於《情緒》（*Emotion*）期刊的研究發現，5-6 歲兒童已經開始會依照過去的經驗，進而調整目標或想法，以達到減緩負面情緒，這就是後設認知的情緒調控。

當中最重要的要素是——過去的經驗（包括是否被教導過），因此我們在遊戲中特別設計一項規則，能讓在孩子「遇到問題」（情境卡）後，接著透過一些提示輔助（冷靜卡），先試著找方法穩定情緒，再作出當下最佳解決方法的決定（選擇回應水晶）。

透過自然而然的遊戲方式，讓孩子理解情緒解決的方法，進而調控情緒，並隨著故事發展及自發實際應用在生活中類似的情境。遊戲中亦設計有讓孩子遇到挫折或不合心意的狀況，使孩子學會去面對和發現問題，也學會處理自己挫折的情緒。

## 計畫⑤：同理心及感同身受，能幫助孩子解讀他人心智

　　遊戲中亦設定了「勇士助人卡」，能讓孩子學會「發現」他人的情緒和問題，並適時提供幫助。訓練孩子發展察言觀色、觀察環境的能力，加強孩子的同理心、感同身受，並能站在他人的角度觀看整體遊戲的進行。

《勇闖 EQ 神秘島》
情緒桌遊裡的勇士助人卡。（圖九）

　　也教孩子如何留意到別人的表情和姿勢的變化，並主動的幫忙想辦法。同理心，能讓孩子更成熟，理解父母提出的很多要求其實是為了他好，同時也有利於人際社交發展。

## 計畫⑥：玩中學耐挫力、衝動控制，調整孩子個性急

　　遊戲裡更特別設計了一個專為情緒教養而設定的規則──「休息島」。

　　「休息島」是當中獨特的元素，除了能夠給予孩子衝動控制的規範提示，也能建立情緒發生時該如何冷靜的行為模式。孩子一旦犯規或生氣時，就要移動到「休息島」冷靜後才能再重新出發，剛開始參與的孩子不一定能馬上接受這樣的規則，因此在介紹這個特別的冷靜區域時，

要特別強調休息島並非「處罰」，而是要協助孩子「冷靜」下來後，再用最好的表現重新參與，營造這個規則對每個人都有利，建立公平遊戲的精神。

若孩子不理解「重新出發」的意義、不願等待，可利用正向的態度，陪同孩子一起去休息島度假，讓他們知道不會被責備，而且父母會願意等待自己冷靜下來，告訴孩子：「只要準備好，我們就能一起重新出發！」建立孩子解決情緒的信心。

此外，我們也特別設計讓孩子可以跳脫二分法的原則。遊戲不單純只有「輸、贏」，也不是一個人單打獨鬥，你必須幫助他人，甚至請人幫助，才能過關，就算第一個抵達終點，抽到的寶物也會與你所選擇的角色不同而有出乎意料的結果。遊戲中設立了許多狀況，不會只有輸、贏，如此更能讓孩子去體會「過程比結果重要」。

全球頂尖學者——史丹佛大學心理學教授卡蘿‧杜維克（Carol S. Dweck）博士，在 1998 年的研究發現，相較於誇獎學齡兒童的特質或結果（例如：你好聰明、你完成了好厲害），誇獎其努力的過程（例如：我覺得你都可以很仔細的去看每一個題目、很專心的寫作業，很棒）會讓孩子在學習上比較有動機，也勇於挑戰；前者的孩子反而會比較害怕失敗、易挫折而逃避。因此，我們也設計神獸的神奇寶物有其秘密任務，讓孩子更享受遊戲的過程，而非最後的結果。

以「玩中學」的方式讓孩子從認識情緒、衝動控制、發現情緒問題

到情緒解決，一條龍的設計讓他們能完整的學習到良好的情緒發展，只要玩過一次，就能立即體會到控制或失控帶來的不同結果。

當然，遊戲中總有挫折，一時的失敗挫折也不必氣餒，有趣的遊戲總有峰迴路轉、東山再起的機會。現在就馬上帶著孩子一起來體驗「情緒桌遊」——《勇闖 EQ 神秘島》，進行情緒教育。

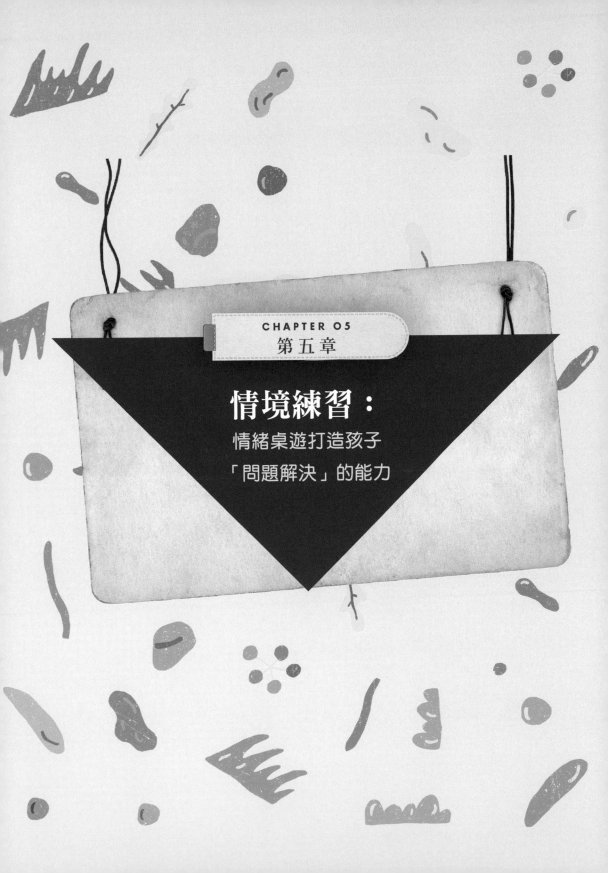

CHAPTER 05
第五章

# 情境練習：
## 情緒桌遊打造孩子
## 「問題解決」的能力

## 從桌遊裡去訓練真實的人際情境

　　許多父母在引導、陪伴孩子玩桌遊的過程裡，常會因為孩子的性格不同，而遇到許多難以引導的狀況，例如：不服輸、不專心、太重視公平、狀況外等行為，讓桌遊的效益大打折扣，在此列出一些情境，提供給父母參考。

### ①不會小孩：「我不會，我不知道……」

　　這一類的孩子通常比較沒有自信、怕錯、怕被笑，這樣的個性也導致孩子習慣第一時間不思考，所以在遊戲進行中，可能會不願模仿表情、不願思考解決情境問題，這時該怎麼辦？

◎ 如果你事先了解孩子就是這樣的氣質，建議在遊戲順序上讓他們排在後面，先看看前面的孩子怎麼做。

◎ 父母也不是一次就會，可以故意先演傻一點，甚至可以判斷錯誤或出錯，讓孩子發現「我會耶！怎麼爸爸媽媽也會出錯呀！」而且孩子也可以觀察父母出錯時的處理方式，例如：「歹勢！歹勢！我怎麼搞錯了！

謝謝你告訴我。」

◎ 父母要「放聲思考」，也就是大聲說出你的思考過程讓孩子聽，例如：「咦！輪胎壞掉了，那就不能開了，代表我不能開車出去玩了，本來可以去玩，現在不能去，所以我覺得好不開心……」

◎ 放低標準，引導步驟。例如：遇到「煩惱」的表情時，可以帶著孩子觀察表情是「皺眉、嘴巴彎彎的」，簡單表演給孩子看，讓他們跟著模仿，並且給予一面鏡子，讓他們看著鏡子非看著大家模仿，孩子會比較放心，也比較正確一些。

②怕輸小孩：玩到一半發現自己落後，就嚷嚷「我會輸，不想玩了……」

這類的孩子通常比較容易多愁善感、想太多，除了教導「又還沒玩到最後，你怎麼知道你會輸？」以外，還有什麼好方法呢？

◎ 回到故事主軸，「我們是神獸，要一起找到神奇寶物去拯救水晶情緒王國的人民耶！哪有輸贏呀！我們是一隊的！」這是轉移孩子注意力的技巧，讓他們重新找到方向。

◎「啊！你不是神獸嗎？難道你也吸進了森漆漆星球的毒素呀！怎麼會這樣～」利用幽默感讓孩子轉念，弱化情緒，增加認知決策。

◎ 經驗法則！提醒孩子過去類似經驗，例如：「上次你玩大富翁，你也因為錢最少，就說不想玩了，結果後來我不小心到你的美國旅館，你突然就變成最有錢的，你怎麼這樣……」

◎ 除了以上方法外，平時也可以多讓孩子了解，這樣的話語會讓其他人多麼不喜歡，例如：在大富翁遊戲裡，當孩子擁有比較多錢的時候，也可以故意說：「我不想玩了」，再去引導孩子聽到這句話時有什麼感受，如同照鏡子般，孩子會更了解該如何調適自己的情緒。

**③過度在乎公平小孩：「不公平」**
**「他都故意轉一步」**
**「他都沒有做對」……**

　　這類的孩子其實很聰明，觀察細微，很在乎輸贏或贏得注意，但又知道要在「理」的這塊站住腳，往往會演變成同儕覺得他愛找碴，有點惹人厭……既然講理，就要在一開始把話講清楚。

◎ 遊戲前先說明清楚所有規則，包括轉盤應該怎麼轉、什麼時

候會被請去休息區（例如：講超過三次討人厭的話、提醒三次控制情緒仍無效）都必須注意。

◎ 引導每位參與者說出自己的立場跟想法！切記並沒有一定的對與錯，當每個人說出自己的意見，也聽完別人的想法後，或許衝突就解決了一半喔！

◎ 若有比較年幼的孩子一同遊戲，一開始就要跟年長的孩子說好：「大人會協助他，因為他只有 4 歲，你看你 6 歲可以坐雲霄飛車，他 4 歲都不行，要不然你跟他同一隊好了，**幫幫他**，看你們兄弟隊最後有沒有獲得寶物。」讓年長的去照顧年幼的，孩子更能發揮同理心，站在他人的立場思考，找碴的話自然減少。

④**搞不清楚順序小孩：「等一下，現在不是換你，爸爸完後才是你」**
**「睿睿，換你了啦！還在發呆！」**
**一直嚷嚷「換誰了，現在是誰」……**

這類的孩子不是衝動派（急著要玩）就是失神派的，或是轉移注意力有問題，看著看著就忘了自己應該要做什麼事。

◎ 簡單而言，要提高孩子遊戲時的警醒程度，大人可以運用音量和音調，出聲制止或提醒，若一兩次後仍依然故我，便可以開始增加遊戲規則，例如：現在開始，搶先的人，因為沒禮貌，

所以要罰一枚銀幣；或者是連續三次不需要別人提醒就接著玩的人，可以多得到一枚銀幣。

◎ 平時很恍神或很急躁的孩子，建議不要在累了或肚子有點餓的時候玩，因為這時會更難控制自己，最佳的時機是先運動20-30 分鐘後再玩。


⑤ 一直打斷的小孩：「為什麼」
「我不要這樣，應該是那樣才對……」

這類的孩子通常比較有主見、有想法，當然有時過了頭就感覺比較自我，在遊戲時容易挑戰規則，或提出「十萬個為什麼」，這時可以這麼做……


◎ 第一時間先別急著否定，試著分析孩子的意見是否有道理，「我覺得你有想法很好耶，但我想了一下，如果每個人都這樣，遊戲好像就不好玩了耶……」若無法預想，可以真的試一次他的規則，再來問問大家的意見。

◎ 換位思考，站在調皮鬼的立場來引導他們，讓他們選擇「我們是不是也可以跟你一樣○○呢？你不要到時候又抗議」，再適時的給予孩子台階，問題大多能夠得到解決。

◎ 記得，否定這類孩子時容易「見笑轉生氣」（台語），所以

當你覺得孩子有聽進去，只是拉不下臉時，要趕快將話題轉走，例如：「快點，神獸要出任務啦！要不然森漆漆星球的毒氣要來了啦！」孩子有台階下，通常就能立刻相安無事。

## ⑥生氣別人取笑的小孩：「哇！我輸了！」
### 「你不要笑，你贏就在笑，你不可以笑，我不喜歡……」

這類的孩子太過計較輸贏，因此在遊戲時，更要針對遊玩的「過程」給予回饋：玩遊戲的主要目的，並非強調誰贏誰輸，而是如何在過程中得到經驗而成長，這也是這款遊戲設計的宗旨！

◎ 因此，當遊戲進行中或結束時，若孩子有表現亮眼之處，不妨給予他們誠懇的正向回饋。例如：「你這次進步嘍！在『休息島』冷靜的時間縮短了～」「你常常幫助別人，大家一定很信任你！」「你遇到困難的時候，會主動請求協助，很棒耶！」將孩子表現的頻率、次數、時間考量進去，你也會是個稱讚的專家！

◎ 贏的人如果嘲笑輸的人，這行為當然不對；但如果他是開心而笑，就沒有什麼不對。「如果你真的聽了很難過，可以先走開，因為他真的不是針對你；但如果你覺得沒關係，下次搞不好就是你贏，那你也可以去跟他說『我們下次再一起玩！』」

最後要提醒父母善用「休息島」，若孩子還不懂「為何休息島規則對團體有益」，父母不妨先示範搗蛋鬼的角色，變成先在休息島上等待，讓孩子看到休息島對自己的好處。對於不理解「重新出發」的意義，可利用正向的陪伴原則，自願陪同孩子一起去島上度假，讓他安心明白「只要準備好，我們就能一起重新出發！」

對於極不願意配合休息島的孩子，甚至可以改變規則，例如：「甘願進去休息島，勇氣可嘉，可以獲得銀幣兩枚。」一旦開始進行遊戲後，這個規則就有團體自然形成的約束力，孩子就入坑了！一開始陪玩時，不要忘了稱讚孩子能配合遊戲規則的表現喔！

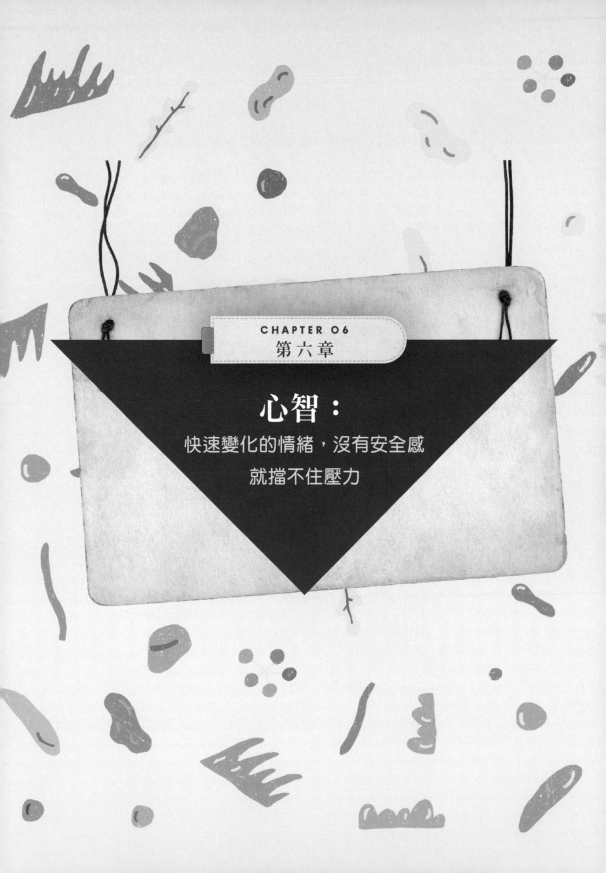

CHAPTER 06
第六章

心智：
快速變化的情緒，沒有安全感
就擋不住壓力

## 情緒自我管理，能減少情緒行為障礙

前陣子，在忙完了整天衛教下班後，在新聞上又聽到一個高中優秀的孩子，選擇離開世界的消息，當時的心情真是無比的沉重。

許多父母可能不清楚，臺灣的孩子近 1/3 有「情緒行為障礙」。衛生福利部委託臺大精神科教授高淑芬進行第一個全國性兒童及青少年精神疾病流行病學調查，研究發現，近 1/3 兒童有精神疾患，需要專業評估、協助，且有自殺意念六個月盛行率為 3.1%，也就是說，全臺每 10 萬名孩童就有 3100 名曾有自殺念頭。

統計發現，近期臺灣兒童及青少年的各種精神疾患及自殺盛行率比例增加，而這些精神疾患相關的家庭、環境、學校、個人、心理因素等，都是造成孩子精神與心理疾病的重大影響。

在成長中的幼兒時期，孩子容易有不安全感，這你一定知道，但你卻不知道，也有很多大孩子的心裡同樣缺乏安全感，可能原因是：不知道目標在哪裡，造成成長的每一步都有著不同的心理壓力。小小孩會以哭鬧的方式求救，大孩子卻不會求救，這時候的關鍵就在於──孩子有沒有接受過「情緒教育」。

身為父母的你，是否認為「情緒教育」對孩子的一生很重要？過去這幾年，我們常常從新聞中聽見，很多學習能力資優的孩子過不了某一關，讓我深知情緒教育的重要性，接下來要從升學、關係、標籤化及性

等四個方向，討論孩子心智發展的秘密。

## ①升學主義

　　孩子身心變化最快的時期就是國中、高中的青春期，無奈在這個時期，社會及家庭灌輸給孩子的，除了念書，還是念書。升學主義讓孩子內在的聲音無法吐露，開始出現憂鬱、焦慮、挫敗的感覺，「學業」開始成為阻礙親子溝通的那道牆。

　　學業並非不重要，而是它不該成為孩子的全部，大家開口閉口就是升學，孩子只能另外尋找情感寄託的窗口，例如：過度的偶像崇拜將更嚴重，然後父母再來禁止孩子，回到我們希望的軌道……就這樣無限輪迴、接踵而來的窒息感，不久就有「我是一個廢物！」的念頭。你我都曾經歷過青春，何必讓我們的下一代也是如此？

　　該教導孩子的生活常規、情緒管理、待人處事、發展興趣、結交朋友等，這些絕對都比升學考試更加重要！

## ②戀愛學分

　　青春期的孩子已經情竇初開，但對「愛情」與「性」還懵懂無知，但我們的傳統教育、觀念卻對這個領域不斷壓抑、制止，甚至是懲罰，

只會讓他們更加好奇、反彈。

　　一位國二男生的爸爸，曾經請我跟他的孩子說：「不要再喜歡班上的某個女生，這樣會影響功課，而且你才國中，哪懂得什麼是愛。」我搖搖頭跟這位爸爸說：「他們的世界有他們的愛，別急著用我們的標準去定義愛，這樣只會讓他們離你更遠。」後來，我跟這孩子說：「我知道你很欣賞她，老師以前也欣賞過很多女生，不過，如果你想要她也注意到你，讓自己的表現更好，可能也是一種方法。」一學期後，這孩子變得愛運動、會主動念書、人緣也變好了，更重新看待他與女同學的關係，沒有讓父母擔心。

　　青少年談戀愛，你阻止他、你對他激烈反對，甚至情緒勒索「再跟他見面，我就跟你斷絕母女關係」，最後換來的還不是欺騙、隱瞞，然後，孩子們只能用不成熟的技巧去處理感情。你敢說你都沒騙過你的父母？

　　鼓勵孩子欣賞、結交異性朋友、談戀愛，讓他知道你擁有開放的態度，父母才有機會引導他。「高中不准談戀愛，考上大學再說」，好不容易考上了大學，又說「還要念研究所，不要談戀愛，考上了再說」。等孩子出了社會，都 20 多歲了，還是叫孩子多看看，不要急著就固定跟誰交往。最後，30 多歲卻開始被逼著結婚生子……我說，等等！他都還沒修過戀愛學分，是要叫他挑青菜還是蘿蔔？

### ③標籤化

憂鬱症及精神情感疾病，其實在兒少發展上越來越常見，因為政府並沒有非常重視兒少身心發展宣導，大家對這群孩子的批評從未斷過，早早就貼了他們叛逆、挑戰、不受控等標籤。其實，連父母也不知道，青少年因為大腦、荷爾蒙分泌都會改變，也面臨認知、價值觀重塑，會開始想「我要做出一些事來證明自己」「我不想跟別人一樣」，於是在心埋上產生複雜又矛盾的情緒，此時更需要親情支持系統。

當我們在貼標籤、任意定義孩子的壞人格時，你以為孩子內心不知道？不會受影響？其實 5 歲的孩子都能知道，而且小學高年級後就會有「無能」的感覺產生，接著，自卑、低成就、低自信就伴隨著孩子的一生。

所以，去教育一個孩子的「內心」重要？還是去教育一個孩子的「行為」重要？如果你看過我的教養直播，就知道未來該努力的方向了！

### ④性教育

看看課本上的性知識及自我保護，到底在教些什麼？社會及人心變化快速，大家還在隱藏性教育的問題，不斷的用保守的教育模式，只教「不能讓別人摸衣服遮著的地方」，孩子是一直停留在 5、6 嗎？這些

不該改革嗎？在看文章的父母，搞不好有大多數人都不太清楚怎樣的行為算構成性騷擾，我們偉大的教育啊！

臺灣青少年初嘗禁果的平均年齡，男生是 15 歲、女生是 16 歲，若社會及教育體制還在持續壓抑及閃避，再這樣下去，誰該去引導孩子、陪伴孩子？問題發生時，你覺得孩子能找誰呢？痛苦會來找這些不懂的孩子當宿主，因為他們沒有抵抗力，青春就只能這樣被侵蝕！

教育要從小開始，還記得我之前要提醒大家「教孩子不要做令人討厭的事」嗎？這除了在訓練孩子的自制力，也在教育孩子判斷，什麼是令人討厭的事。若孩子沒有了這些能力及經驗，又怎麼能保護自己呢？

大人很多時候會以自己的標準，賦予孩子太大的期許，一旦他們做不到，會容易產生挫折感及負面情緒。有所要求絕對是好事，但凡事過猶不及，適時彈性、中庸的教養，才能有利孩子正向成長。一直以來，我非常認真的在衛教父母及家庭，應該如何與孩子溝通，我更希望政府教育單位，落實「情緒教育」於學校中，編列專業的課綱及課程，教會孩子情緒自我管理，這才是未來教育改革的重點。

# 第七章

# 父母：

增進情感交流，不該一直講
道理！七個具體情緒演練

## 不是不能說道理，而是別一直講道理

「為何孩子老是容易暴怒？」

「為何孩子的情緒總是這麼差？」

「為何孩子這麼愛哭、愛尖叫？」

這幾乎可以說是家長們的教養焦慮榜首了，而且背後絕大多數的原因，是孩子在「挫折忍受」或「控制情緒」的能力，還沒有成熟。

雖然很多家長都有意識到這原因，也努力跟孩子說道理，但很抱歉，這時候大人越講道理，孩子反而越覺得不被理解，只會越生氣；來回幾次後，大人也不耐煩了、發飆了，最後就看誰先妥協。但孩子學到了嗎？看起來道理是都會背了，只是下次依然故我、無限輪迴。

下次事情發生時，你應該做足以下七件事。

## HELP！爸媽該如何在家情緒教育？
## 科學與心理的七個具體情緒演練

### ①經驗分享

舉例來說，有次我兒子很喜歡的玩具車被其他小朋友弄壞了，他非常憤怒，回家後像噴火龍一樣一直罵，很多家長也許會馬上這樣教：「同學不是故意的，他也跟你道歉了呀！你不要這麼生氣罵人！」我們在教

養現場，或許想教他不要遷怒、不要誤會、不要記恨，但，很可能傳達到孩子心裡的是「連我的爸媽都不能同理我的委屈！」於是，這些教育無形中變成火上加油，讓孩子越來越生氣。

那次我就坐下，抱著兒子跟他說：「我懂，我小時候也有過一個很喜歡的機器人，你知道那個機器人是我的生日禮物耶！阿公很少買禮物給我耶！有一次，機器人卻被你大姑姑給弄壞了，我好生氣、好生氣，我記得我那時候真的好想打人⋯⋯」

通常孩子聽到你也懂他，大概就會打開耳朵聽了，因為好奇後續⋯⋯「結果我突然想到，我如果真的打大姑姑，我又會被阿公打，你知道阿公很凶的，而且機器人也不會變好。接著我就想到，隔壁的哥哥有很多機器人，搞不好他會修，我就趕快去找他幫忙，最後就真的修好了耶！」

這樣的經驗分享，讓孩子知道你和他站在同一陣線，甚至你也帶出了解決策略，比你一直說「生氣也沒用！」「要想辦法呀！」更能讓孩子冷靜下來並思考正確策略。

## ②保持正向的表情，冷靜應變

你知道情緒是會渲染的嗎？當我們看到笑臉，我們臉上的笑肌也會不由自主的動作，也就是你笑，我也會笑，而這個自動化「笑的模仿」

會刺激我們的大腦情緒中樞，增加正向情緒，這也就是社會心理學家寶拉・M・尼登塔爾（Paula M. Niedenthal）於 2007 年在《科學》期刊中提出的「情緒體現」（Embodying emotion）。

　　既然你是大人，在這場和孩子的情緒大戰中，你就不能輸，孩子出哭哭臉、生氣臉，你就出溫柔臉、微笑臉應戰，看誰先影響誰，可千萬別被孩子影響了你的情緒唷！

### ③烏龜技巧──訓練情緒不反應期

　　永遠記得別在孩子情緒上來時，一直對他說：「你不要再生氣」「你先冷靜下來、停下來」……因為這些話大多數不會造成明顯改變，甚至可能更生氣，因為孩子會覺得「你不懂我！」

　　記得前面提到情緒認知交互影響模式嗎？我們最希望看到的就是情緒來時，「認知」能趕緊出來幫忙調節，讓情緒降到最低，這就需要認知行為的介入了。可以試試由馬克・格林伯格（Mark T. Greenberg）等人於 1995 年成功應用於學齡前兒童的策略──烏龜技巧。

　　有帶孩子看過烏龜嗎？烏龜被碰到的時候，有沒有發現他第一時間是縮起來的呢？其實這不是因為他膽小，而是在思考，他會停下來想一想，我們把它稱為「不反應期」：

　　「唉呦！我被打到好痛！」

　　「我現在感覺好生氣、好生氣！」

「小烏龜，加油，深呼吸，1、2、3～人家是不小心打到我的，我也常不小心碰到別人，不生氣，我可以做得到，我很棒！」

　　「球還給你，我接受你的道歉，但你下次可以小心一點嗎？因為真的好痛、好痛喔！」

　　這個「不反應期」有助於孩子的 EQ 發展，這才是真的教導孩子控

❶ 情緒事件發生！

❷ 停下來！想想我現在的感覺是什麼呢？

❸ 想像是烏龜躲到殼裡，深呼吸，靜下來想想該怎麼辦？

❹ 想到好主意了！大膽說出我的感受及解決方法。

　　「烏龜技巧」最早是被用來教導成人生氣時的情緒處理，後來將其調整、成功應用於學齡兒童身上；羅賓（Robin A.）等研究學者指出，兒童好攻擊侵略的行為下降了 40％左右。之後，烏龜技巧又被改良，並融入社交技巧的元素，設計成 PATHS 課程，應用於學齡前兒童；目前在國外，這已被規畫為一系列的社交情緒課程，情境模擬、角色扮演及烏龜布偶都是課程元素之一。（圖十）

　　　　　　　資料來源：Joseph、Strain 等人於 2003 年的研究報告。

制生氣和衝動，利用這段時間找到適切的解決方式。這是一套大人及小孩都適用的策略，可以在平時的睡前故事中教導這樣的技巧，並且在講其他繪本故事時，也能常常帶入角色，引導練習。

### ④讓孩子有挫折的心理準備

很多時候，孩子的挫折來自「期待太高，而沒想過會有意外」，因此家長就該事先打預防針，例如：「喬喬，我們要去兒童新樂園玩，可是今天應該會很多人，如果你最愛的宇宙迴旋要排很久很久，怎麼辦呀？」家長可以先聽孩子的說法，再引導各種可能的替代方案，如此一來，若真的面臨要排 20 分鐘以上時，孩子才能及時調適情緒，甚至做出「沒關係，那我今天玩別的好了！」的決定。

### ⑤讚許孩子的冷靜

大人要知道，控制自己的情緒和行為是一件很困難的事，所以大人會在今天處理完「奧客」後，佩服自己的 EQ，喝飲料或吃大餐慰勞自己；孩子更是需要如此，本來孩子可能會失控的情境，今天居然沒發生，大人就該發自內心的好好讚許孩子：「哇！媽媽發現，今天玩桌遊，雖然你輸了，但你都沒有生氣耶！媽媽好開心，你真的好棒唷！」這樣的獎勵會讓孩子創造下一個「情緒控制」，甚至可以事先和孩子討論好獎勵，訂好所謂的「榮譽榜」。

## 不失控榮譽榜（表三）

| 行為 | 可獲得點數 | | 搜集點數 | 兌換 |
|---|---|---|---|---|
| 不破壞 | ★★ | → | 5 ★ | 貼紙 |
| 不亂哭 | ★★ | | 12 ★ | 漢堡 |
| 不打人 | ★★★ | | 20 ★ | 兒童樂園 |

### ⑥一致的教養態度

家人間的教養態度都要盡量一致，例如，媽媽說：「趕快收拾玩具！」結果小孩開始暴跳如雷，這時媽媽可能一把火上來，爸爸就該適時出聲：「不要收可以，我有聽到，但你還記得嗎？你上次不收，結果……」一致的教養態度不是火上加油，而是站在孩子的立場，引導孩子再去思考，這就是當「神隊友」最需必備的。

現在的孩子 IQ 都不錯，但 EQ、情緒處理、解決挫折的能力卻相對不足，在幼兒園這個舒適圈中，可能不會有太大的問題，因為大多數幼兒園老師都顧得相當周到；但到了小學，就得靠孩子自己面對了，別太過度指望老師會協助處理同儕間的衝突。因此，關於解決問題、情緒處理的能力，現在不練更待何時？總不會等到被霸凌或霸凌他人了才想

練，那就太慢了！

### ⑦事後親子談心時間

當孩子的情緒散去，才是說道理的最好時機，不論剛剛孩子自己處理的方式適當與否，都可以拿出來再討論，特別是對於 4、5 歲以上該積極培養同理心的孩子。

例如：「你昨天因為不能買戰鬥陀螺，就在躺在地板大哭大鬧，還說我討厭爸爸媽媽、要把爸爸媽媽丟掉……」「你覺得爸爸媽媽聽到你為了沒有戰鬥陀螺就不要我們的感覺會是什麼？」「原來在你心中，爸爸媽媽比不上戰鬥陀螺？」「我知道你想要，可是你躺在地上大哭，你覺得店裡的人會覺得怎麼樣？」「他們會怎麼樣看爸爸媽媽？所以當你決定用躺在地上這一招時，你覺得爸爸媽媽的下一步會怎麼做呢？」「這是你想要的結果嗎？」「對，不是！」「其實你更想問的是『到底怎樣做才能夠得到戰鬥陀螺』吧？」「如果這樣問，爸爸媽媽就可以跟你一起討論解決，也許當下還是沒有，但搞不好過幾天、幾個星期後，還是可以擁有，比起現在讓爸爸生氣，決定不要再帶你去玩具店來得好，對不對……」

比起單向的命令及教育，更能讓孩子打開耳朵來聽。所以新世代的父母，都要讓無效的管教 OUT，有效的管教 IN，執行對孩子「心」的教育。

# 第八章

# 管教：

## 教養需要神隊友！孩子能更

## 快感受愛及學到自律

## 教養間存在著分歧，怎麼辦？

一位媽媽寫信給我：

我是個不知所措，在夜深人靜默默流淚的全職媽媽，我永遠都是孩子面前唯一扮黑臉的人！孩子的爸爸及長輩完全都是縱容的態度，無論是行為或餵食；我如果出聲制止孩子的不當行為，他們就會對孩子說：「媽媽說不行！媽媽說不能吃！」我如果沒出聲，但是他們感覺孩子行為不妥，便會對孩子說：「媽媽在看你了！媽媽生氣了！」

孩子現在3歲半，漸漸開始會反抗，甚至排斥我，有幾次我對他發脾氣，他直接回應：「我不要媽媽，我要爸爸！我不喜歡媽媽！」聽到這些話我難過死了！明明最愛他的人是我，每天24小時照顧他的人也是我，結果竟然比不上一天只見3小時，而且其中兩個半小時都在滑手機、看電視的爸爸！

我實在灰心到了極點，難道我也要什麼都不管、放任孩子不守規矩、愛吃什麼就讓他吃……才不會被孩子討厭嗎？

我很理解這位媽媽的心情，當家人間的教養態度不一致時，孩子就容易見縫鑽。心理學家認為，這樣黑臉白臉分明的教養，孩子學到的只是遇到白臉做 A 行為，遇到黑臉做 B 行為，並不是真正學到「自律」！

但幼兒真的會因此討厭媽媽嗎？真相就是……不會！

隨著孩子漸漸長大，他們越來越喜歡控制環境，讓所有事情都能在他掌握之中，因此你會發現他有些獨特習慣，例如：每晚都請你讀同一本故事書、堅持將蘋果切成 1/8 的大小他才吃……這樣的偏好可能很激烈，但也變幻無常，令人摸不著頭緒。他今天可能很愛爸爸，明天、一週或一個月後，他可能變得什麼都要媽媽伺候；或者 A 事就是要找爸爸，B 事就是要找媽媽，為什麼呢？只因為「孩子的認同感」——我認為這就是爸爸要做，那就是媽媽要做！因此大人覺得的排斥、唱反調，很多時候只是孩子的控制欲或吸引注意力的產物罷了！大人總會想太多，而孩子今天的「我討厭你」其實也只是「我討厭你這樣說我」「我討厭你這樣管我」，不是像大人所解讀的——「我打從內心討厭你這個人」。

其實，每個人本來就不同呀！父母來自不同的成長環境，又屬於不同性別，和孩子的相處方式本來就會不一樣，看看父母扮黑臉的方式不同就明白。第一時間可以先尊重對方的教養方式，靜觀其變，誰說你沒想到的方式就一定無效呢？最怕的就是教養團隊分工太鮮明，黑臉永遠無洗白機會！以下有七點關於現代教養，跟隊友合作的小建議：

## 要孩子 control 脾氣，大人要先 hold 住自己

❶ 教養是團隊合作，不是一人黑臉一人白臉。

❷ 身兼黑臉白臉，有賞有罰，才是有效教養。

❸ 隊友應該用和緩語氣助攻。

④ 別成為在孩子面前扯後腿的豬隊友，有話私下聊。

⑤ 要有當黑臉的勇氣，也該不吝於當白臉。

⑥ 永遠別在孩子面前分化對方。

⑦ 該適時為對方發好人卡。

## 教養鬆緊學：
## 要記得有彈性！不讓孩子受冷落及孤立

　　國內幼教專家林惠娟教授的研究指出，有「利社會行為」（詳見第三章）的幼兒不一定來自完美的家庭，他們的父母未必有最正確的教養觀，管教態度可能不一，也可能會在情緒失控時嚴厲體罰或威脅孩子，但這些父母並非每天責打孩子，也非毫無理由就懲罰孩子，他們總在孩子犯了重錯、舊故重犯、一犯再犯時才動用體罰，而體罰的目的也只有一個——「規範孩子的行為」，而不是有意傷害，這與傳統認為的威權式教養方式不同。

　　再者，這些父母的可取之處在於嚴厲之外不忘給予孩子「愛」，而且孩子也深信父母是愛他的，所以也和父母建立深厚的感情；這份愛使得孩子不會有被拋棄和被冷落的感覺，也對週遭環境的人事物產生信任感，繼而展現利社會行為。所以我常說，管教要賞罰分明、要設底線，最好不要體罰，一旦管教了，要就事論事，不該遷怒，理性、懂得反省的父母，才能成就利社會的幼兒。

CHAPTER 09
第九章

# 睡眠與大腦：

## 孩子睡得不好，
## 情緒就會亂糟糟

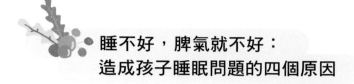

# 睡不好，脾氣就不好：
## 造成孩子睡眠問題的四個原因

很多父母本來想在假日補眠，但如意算盤總是落空。說也奇怪，孩子平常五個鬧鐘也叫不起來，一到假日卻變成鬧鐘，拚命叫父母起床！我分析了一下，可能有以下四個原因：

### ①日常學習壓力因素

我評估過一些孩子，很多都有「放假特別早起，收假就起床氣」的狀況，怎樣都不肯去學校，我發現他們竟然都有一些共通的特質——這些孩子週間在學校，或多或少都有一些學習上的壓力，例如：環境適應問題、同儕問題、學習內容太難而沒有成就感等，以致於不想去上學，進而轉換為怎麼叫也叫不起來；而一到假日，就非常期待可以跟親密的父母在一起，也覺得自己得到喘息的機會。

當然不是每個孩子都是由這種學習壓力造成的，但值得父母及老師多觀察，或許能找到一些癥結點並加以解決。

### ②作息紊亂因素

很多孩子的週末假日都是亂睡一通，或許是父母比較通融，覺得假日不需管太緊，於是拖到很晚才就寢。我以前曾提過「超過想睡的時間

沒有睡，就會導致睡不著」，而且孩子的大腦生理時鐘正在成熟中，更容易受到變動的影響，造成睡眠週期混亂，導致假日的情緒亢奮，但大腦好累，於是就反應在週一的上學了。

你一定會問我：「難道就不帶孩子出門了嗎？你自己假日不也是一堆親子活動？」但我有一些小原則，例如： 平常幾點起，假日最多讓孩子再睡半小時。平常有午睡，孩子假日不管在車上或回家，一樣有午睡；平常沒午睡，也不需要假日拚命補眠。週日晚上是收心的時間，以靜態的活動幫孩子收操，我最近則是在帶他們下棋。

另外，閱讀、畫畫、聽聽音樂、勞作等，都是很好的週日晚間活動。

### ③趕功課的壓力因素

很多孩子在週日晚上趕功課，這個舉動會讓情緒緊張，造成壓力激素——腎上腺素分泌，同時引發腎上腺釋放糖皮質素；這兩種激素作用在肌肉、心臟及肺臟，讓身體準備好進行「戰或逃」反應。本來該好好休息的假日，壓力卻持久不消，糖皮質素會引起藍斑核釋放正腎上腺素，然後傳遞到情緒中樞杏仁核，導致更多腎皮釋素生成，而再度活化

進行中的壓力線路。是不是得不償失呢？

## ④心理動機因素

很多孩子會很期待假日活動，雖然預告行程不是件壞事，但得小心觀察他們的反應。有很多孩子會過度亢奮、一問再問，整個腦袋都是劇本，沉浸在玩樂的情緒裡，一點都沒辦法收心，進而影響到睡眠週期。一兩天或許沒有影響，但大腦會在週一上學時開始出現累的感覺，於是就跟大人一樣有「憂鬱星期一」了！也有一些孩子很難忍受行程改變或調整，一定得特別注意，因為他們的個性較堅持，對目標特別期待，更容易放假特別野、收假特別慘，情緒起伏更大。

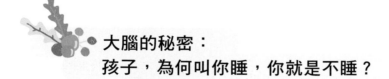

## 大腦的秘密：
## 孩子，為何叫你睡，你就是不睡？

有些孩子睡前很貪玩，會持續要求「再玩一下！」但如果超過想睡的時間沒睡，晚上睡眠品質就會不好，長久下來也會傷害大腦功能！父母一定要注意幼兒以下「想睡的徵兆」，一旦發現就得準備抓去睡覺嘍！

① 揉眼、打哈欠。

② 沒電、不專注，有恍神的感覺。

③ 情緒變得很糟、脾氣變大。

④ 走一走、跑一跑就開始跌倒。

⑤ 開始流口水。

⑥ 討抱或開始賴在地上。

　　一般來說，大部分兒童非病理性造成的睡眠問題，都可以透過父母的教養輕鬆解決，可能發生的情形如下：

① **活動量造成的睡眠問題**：每週進行至少三次、累積 60 分鐘以上的大動作遊戲，讓孩子有機會消耗體力，也訓練耐力。

② **日照不足造成的睡眠問題**：白天多晒太陽，有助於大腦晚間分泌褪黑激素。在晚上 7、8 點後盡量別接觸 3C 產品，因為藍光會防止褪黑激素分泌，造成不易入睡。

③ **睡眠過程中的不適切處理方式**：有些 4-6 歲的孩子可能因為大腦控制膀胱能力尚未完全成熟，仍會夜尿，父母為了戒尿布會在半夜將孩子叫起來上廁所，但中斷睡眠會傷害孩子的記憶力。其實這種生理不成熟的情況，可以不必急著戒夜尿。

❹ **睡眠儀式的問題**：孩子常因為貪玩而捨不得睡，一旦過了自己的生理週期（例如：其實在九點就想睡了）反而會變得更不想睡，這行為對大腦的學習力十分傷害。

❺ **作息規律性紊亂**：一些盪高盪低、追趕跑跳的遊戲，是屬於感覺統合裡的「前庭覺」活動，若這些活動過量或進行時間不正確，反而會讓夜間的大腦更警醒，所以父母必須為學齡前的孩子慎選睡前活動。而且睡眠不規律、太晚睡（超過晚上 11 點）或太晚起床（超過早上 9 點），孩子會容易產生專注力或躁動等其他行為問題。

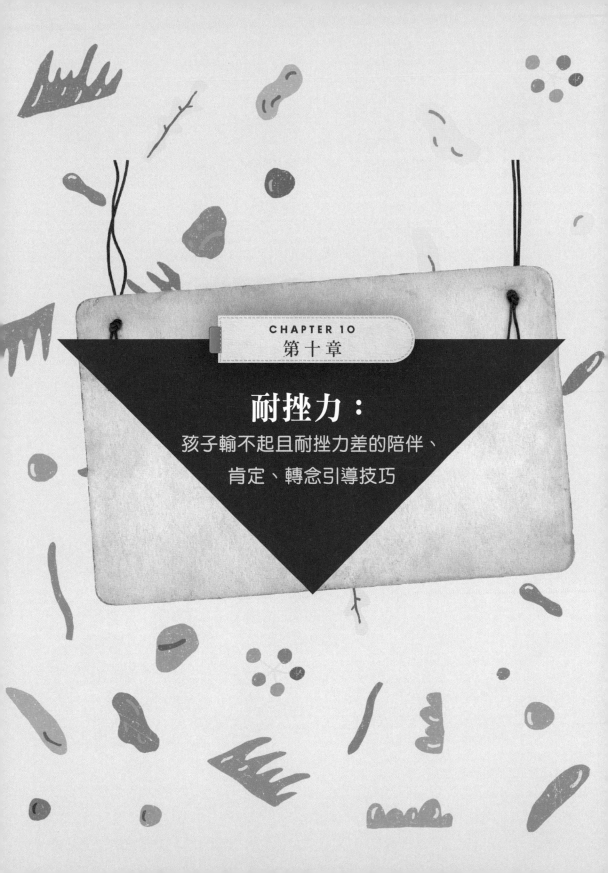

CHAPTER 10
第 十 章

耐挫力：
孩子輸不起且耐挫力差的陪伴、
肯定、轉念引導技巧

## 沒辦法就想辦法：
## 如何培養孩子「問題解決」的能力？

有一次，我看到幼兒園裡有個孩子找不到室內鞋，哭著跟老師求救。我原以為老師會跟他說：「好，先不哭，老師幫你找。」結果老師卻蹲下來跟孩子說：「你得自己先想想看，你剛剛都去了哪？我等你不哭，才能陪你一起去找找。」小小的動作，點出了學校教育與家庭教育的不同，要是父母可能都會幫孩子做好，可是老師們卻總是找出孩子還有哪一步可以繼續往下做，再進一步決定要不要幫忙。

自 2015 年起，學生能力國際評量計畫（PISA）加考了合作解決問題的能力，孩子長大之後，要能團隊合作、要有問題解決能力，取決於大人從小怎麼教導。

現代人孩子生得少，大人不僅疼愛有加，甚至處處遷就，完全以孩子為中心。不過，孩子上了幼兒園之後，必須與同儕在對等的基礎上相處、競爭，非但別人不會讓他，更不保證他永遠都能獲勝。因此，有些孩子

處處想搶先，遇到挫敗或可能失敗時，就開始亂發脾氣、哭鬧耍賴，這種情形在獨生子女身上尤其常見。

沒有人喜歡失敗，但要如何協助孩子了解「勝敗乃兵家常事」，從中轉換為正向的進步動力，是父母必須培養、落實在家庭生活中的重要工作。畢竟，家庭生活也是團體生活的一種，若從小建立尊重、輪流、分享、禮讓、輸贏不代表一切等觀念，孩子進入不同的團體生活時，自然會尊重、禮讓他人，也能以平常心看待輸贏。

## 引導「輸不起、總是要爭第一」的孩子，六個親子溝通術

### ①陪孩子閱讀相關主題繪本

我經常透過故事主角的經驗，讓孩子了解輸贏是很平常的事，沒有人會永遠勝利，失敗了也不是世界末日。我也常分享自己的失敗經驗，發現到孩子能夠聚精會神的聽，這比一直教他們「輸，有什麼好生氣的？」「做不到有什麼好哭的？」還要有效。

### ②經驗分享

父母可以分享自己的失敗經驗，以及再次努力的過程與方法，讓孩子學習如何從失敗中重新站起來。如果孩子有喜歡的偶像或卡通人物，

也可以透過這些故事去引導。贏要有氣度，輸要有承認失敗的勇氣，就像之前的世大運，女籃四強賽輸了，但兩天後的銅牌賽卻能立刻站起來贏得勝利；還有男孩很愛的《閃電麥坤3：閃電再起》，麥坤雖然輸給了風暴傑森，但他表現的精神卻很值得學習。

### ③不要直接指責、否定

孩子遇到挫折時，應該要避免指責、嘲笑，否則會讓他們的得失心變得更重，自信心也會受到打擊。例如：有些時候父母會回應「這有什麼好哭的？」「這又不難，你怎麼不會做？」「這有什麼好逃避的？」「哪有小孩像你一樣？」其實這些語言，真的無濟於事，有時候反而會讓孩子覺得「你真的很不了解我的感受」。

孩子有好勝心並非壞事，父母不應該直接否定，而是要給予鼓勵與同理。例如：應該說「我知道」「我了解」，讓孩子先打開耳朵傾聽，才能進一步讓他知道失敗沒關係，勇敢的找出原因並改善，再接再厲。

### ④陪孩子玩益智類的遊戲

五子棋、跳棋、大富翁、接龍等都是很不錯的互動遊戲，在過程中，孩子必須遵守遊戲規則，學習到「輪流」的概念。而且遊戲本來就有輸有贏，透過遊戲的方式讓孩子習慣，久而久之就能以平常心看待。

此外，也該建立「遊戲不是只有二分法──輸贏」的概念，像大富

翁就不是一個非得要玩到破產的遊戲，它可以產生很多種結果，目前誰的現金最多、誰的房子最多、誰的土地最多等，孩子在比較的過程中就會發現，無論討論哪一種輸贏好像都未必公平，所以會轉移重心在過程的樂趣而非結果。

還有一種蛇梯棋，我也很愛利用它來啟發孩子。現在看起來是我遙遙領先，但誰知道我等一下會不會遇到超長蛇而落到最後呢？一旦玩久了，孩子也會發現沒有人會永遠贏、沒有人會永遠輸，最怕的是你不敢玩，那就永遠享受不到樂趣了。

### ⑤主動讚美、肯定孩子在過程中付出的努力

主動告訴孩子「雖敗猶榮」，讓他漸進的了解過程比結果來得更重要，這點在平時就要做到，我們該誇獎的是孩子努力的過程，而不是總看結果。

例如：孩子畫了一幅畫，我們總是回應「哇！好漂亮唷！你把媽媽畫的好美（結果）」，而不是「哇！你怎麼會想到要用咖啡色畫媽媽的頭髮呀！這棵樹你用了好多種顏色，一定花了很久的時間（過程）吧？真棒！」孩子會學習大人看事物的視角，他們

會想要表現成大人期待的樣子，所以，如果孩子覺得我們總是注重結果，他們自然就會在乎最後的成果（輸贏）。

### ⑥接受失敗到轉念

當孩子在出現「鴨霸」等行為時，不見得是他們的本意，而只是經驗不夠；如果他們知道有很多選項的話，就不會只有輸贏、要不要、可不可以的邏輯。因此，要引導孩子在行為發生前先預告所有的可能，讓他學會面對各種情緒與狀況。

很多媽媽會說：孩子很容易輸了就哭、生氣，在此教父母一個方法──預告法！

在遊戲開始前先問問所有的小朋友：「遊戲中是不是有贏家與輸家？」讓他們在遊戲前先理性的思考及理解「不可能到最後大家都是贏家」。接著我還會問：「如果贏了，可以說：『哈哈哈，我贏了，你們都好笨喔』嗎？」就會有小朋友回答：「不行，太驕傲的話，別人會不高興，下次就不跟我玩了。」父母也可以這麼問：「能不能玩完一局，輸了以後就跟其他小朋友說：『這局不算，你們作弊，我下次不跟你們玩了』呢？」用這種遊戲開始前的預告法，能夠引導孩子想一想，活化大腦的剎車系統。「即使輸了發脾氣，也只能小小的生氣，否則下次可能就沒有人會陪你玩了喔」，試試看下次在玩遊戲前先做預告，結果會差很多！

孩子的世界通常只有二分法，在行為發生前先預告，可以讓他做出選擇；為了要讓孩子的行為更有彈性、不要太好勝，可以有時候大人贏、有時候孩子贏，與孩子以遊戲的方式，故意表達自己也好想要做這個行為，這也是同理心的建立。從家庭間的交流增加遊戲及互動的經驗，再使用預告法，就可以打破孩子鬼打牆、固執、歡必霸的情緒。

史丹佛大學心理學教授卡蘿・杜維克博士長年對不同群體進行研究，發現人有兩種心態：「定型心態」（Fixed mindset）和「成長心態」（Growth mindset）。擁有「定型心態」的人，總是急於追求證明自我，將所有成果二分為成功或失敗，所以一旦遇到挫折，就容易逃避；擁有「成長心態」的人，則是樂觀看待自己的所有特質，將個人的基本素質視為起點，可以藉由努力、累積經驗和他人的幫助而改變、成長。

相信看到這裡，各位父母都希望孩子成為擁有「成長心態」的人，而不是有「定型心態」的人，把自己關在二分法的世界裡。那麼從小的教養，就更該帶著孩子分析自己努力的過程，若大人只關心成績及結果，孩子也會模仿大人很重視結果。

# 第十一章

# 大人的同理：

## 孩子最壞的時候，就是需要

## 你關心的時候

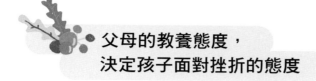

## 父母的教養態度，
## 決定孩子面對挫折的態度

關於修正孩子的錯誤，父母當然可以說：「你怎麼總是這麼慢？奇怪，每天都弄到快來不及，你到底有什麼毛病啊？」但是，一當你唸完經，孩子的耳朵就關起來了，心也關起來了。

有很多大班、小一的孩子正開始學寫字，媽媽說：「我都一直有訂正他的錯誤啊，但他考出來還是錯，怎麼會這樣？」我答：「錯誤能不能訂正、能不能記住，在於一開始教這個錯誤的態度。」

如果一開始就用同理孩子的語言：「寫了五遍，ㄅ跟ㄉ還是分不出來，我覺得你一定是累了，我們先等一等，你準備好了再開始。」如此一來，孩子會打開耳朵、張開眼睛、開放他的心，去聆聽你接下來要教他什麼。

相反的，「都寫了五遍了，你還在給我錯，你到底有沒有用心啊？你的腦袋都裝什麼？你在學校是不是都沒聽？」孩子聽到這樣的回應，會選擇去逃避錯誤，心想：「因為這些錯誤是害我被罵的凶手」，這樣一來，孩子反而會更討厭它，提早對學習倒胃口。

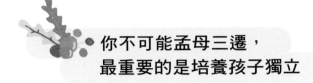

## 你不可能孟母三遷，
## 最重要的是培養孩子獨立

之前曾有記者問我：很多媽媽很擔心自己的孩子，若跟一些不守規矩的孩子在一起學習，也會被影響，因此選擇孟母三遷！我認為團體中本來就有各種不同氣質的孩子，父母會想這麼做也是人之常情；但從小到大，我們不可能一直幫孩子挑最好的環境，我倒認為可以換種做法：

1️⃣ 當孩子的玩伴愛生氣或會打人，我們以這些行為當教材，教育自己的孩子判斷是非、學習控制情緒，變成受歡迎的孩子。

2️⃣ 當孩子的玩伴不遵守遊戲規則，我們教育自己的孩子思考並回想，有禮貌及大家喜歡的行為是什麼？同時也教導分享、輪流、等待的必要性。

3️⃣ 當孩子的玩伴能力比較弱或年齡較小，我們教育自己的孩子去發展同理心及學習照顧關懷，學習當團體中更成熟的角色，而不是一直被照顧的角色。

親愛的父母，孩子在成長中，我們不可能一直幫他們選擇最舒適的環境，他們需要的是透過經驗，磨鍊出能適應環境及適應更多人的能力，這才是「教養」！

## 情感教育三步驟

### ①從感覺培養感性

從小帶孩子多運用感官去接觸世界，因為他們不可能從父母的言教裡培養出感性。例如：摸沙、摸草是一種感覺，摸完之後訊息傳到大腦，產生喜歡或不喜歡的情緒，那也是感覺；撞到東西會痛，欺負弟弟時，媽媽會瞪著……這些都是感覺，感覺中有喜歡與不喜歡的，都可以跟自己和平相處。

基本上，感性的養成會從「培養感覺」中打好基礎，再慢慢進步到覺知和認知。1歲多以後，感受就會慢慢從感覺中發展出來，是一種更複雜的心理狀態，例如：被罵了會傷心難過、被爸媽抱了會開心，都是一種感受。

### ②體驗增加情感流動

帶孩子體驗各種不同的生活經驗，因為只有體驗才能衍生出情感上的交流。例如：去故事屋聽故事，可以跟老師有很多互動，或是參觀博物館、踏青、聚餐等；更重要的是，父母一定要跟他們分享這次體驗的心情、心得，以及看到了什麼，這些都是很重要的步驟。

另外，與動物接觸或飼養寵物，也可以讓孩子學習「付出」。很多家長常問：養寵物最好的時間點是什麼時候？我建議大約3歲以後，等

孩子的同理心較為成熟時會比較適合。有了這些生活體驗，孩子的感受性會比較強，是感性發展的一個重要元素。

### ③ 教孩子把情緒說出來

表達就是要把自己的感情說出來，否則誰也無法了解你的想法，不懂正確表達的孩子，通常只能靠宣洩情緒來表達自我，對情緒發展亦有不良的影響。

東方人和西方人的差別在於，西方人可以將情感表露無遺，不害羞、不吝惜的說出「我愛你」，如果我們從小沒有這樣教導孩子，他們的情緒發展就會停留在簡單的情緒處理，但在成長的過程中，他們其實會產生越來越多的複雜感情，包括尷尬、忌妒、矛盾等，在此提醒父母，4 歲以上的孩子需要常常練習表達自我，鼓勵他們將感覺說出來。

父母：為什麼不開心？

2 歲孩子：我生氣，因為他搶我的東西。（簡單情緒表達）

4 歲孩子：因為我最好的朋友去跟別人玩，所以我不開心。（複雜情緒表達）

當一個 4 歲的孩子不開心卻只會發脾氣時，父母就要反過來檢視自己的教養，是不是常常只用「禁止情緒」的方式來管教孩子，例如：「可以在這麼多人面前生氣嗎？」「可以隨便發脾氣嗎？」卻沒有訓練他們適當的將心情表達出來。從小缺乏練習的孩子，長大後也會不喜歡談感覺，他的感性能力自然比別人低一截。

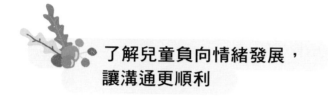

### 了解兒童負向情緒發展，讓溝通更順利

**負向情緒發展**（圖十一）

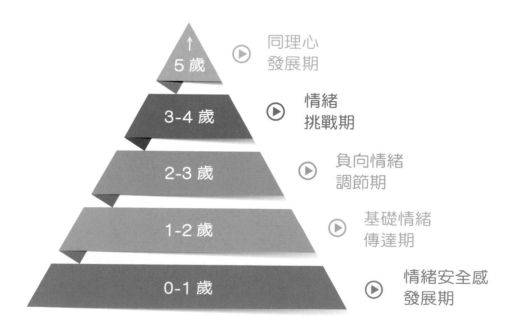

| | |
|---|---|
| 5 歲 | 同理心發展期 |
| 3-4 歲 | 情緒挑戰期 |
| 2-3 歲 | 負向情緒調節期 |
| 1-2 歲 | 基礎情緒傳達期 |
| 0-1 歲 | 情緒安全感發展期 |

**0-1 歲（情緒安全感發展期）：**

「哭」是基於生理上的需求，或者寶寶天生就是氣質敏感、天生難養型的。

有 5% 的寶寶是比較難養的，專家的一致建議是要給足安全感，不要一直變動環境，盡量穩定主要照顧者的成員，多擁抱寶寶，發展良好的依附關係，負向情緒才會下降。

**1-2 歲（基礎情緒傳達期）：**

這時候的「愛哭」多半是語言表達不夠成熟，話說不好才會用哭來表達。

這個階段的寶寶最怕回應沒有被聽到，建議父母要多用語言回應，例如：「哦～有看到你哭哭」，並增加一些非語言的手勢與動作，例如：點點頭、伸出手抱抱、臉部的微笑等，多一點的手勢回應給寶寶，讓他知道你已接收到訊息，這些回應也會讓寶寶減緩愛哭的頻率及哭泣的強度。

**2-3 歲（負向情緒調節期）：**

在這個階段，我們通稱「負向情緒調節期」，2-3 歲的寶寶很固執、有自己的主觀順序、聽不進別人的話、很難接納他人想法，所以孩子會因為你禁止他做某件事（例如：不能跳沙發）而變得非常生氣，會用

「哭」來表達抗議。建議父母想一個方法，讓孩子知道聽你的話是「更好」的，例如：當他在亂跳沙發，我會編一個遊戲引導他到沙發下（更安全的環境），陪他一起進行，孩子會因為有更好玩的事而被吸引，如此一來，問題就默默的被解決，也不會一直陷在自己的負向情緒裡。

在引導 2-3 歲的固執脾氣時，可以設計一個活動、遊戲，讓孩子知道聽你的話是更好玩的！當孩子發現「你懂我」的時候，他就願意聽你的話，在教養上更輕鬆。

另外，還有一件事要注意，這個階段的孩子會急著想讓你知道他的感受及想法，在教養語言上要明確的告訴他：「好，我知道了，聽到了！」不要以敷衍的態度帶過，因為這個階段的孩子已經騙不了了！要誠懇的溝通（不要邊滑手機邊說）：「你還要哭哭，沒關係你要哭多久，爸爸數 10 秒，我幫你看看，哭哭蟲會不會跑掉？」「幫你唱首歌，讓哭哭蟲跑掉喔！」用轉移注意法，讓他們慢慢抽離原有的負向情緒。

### 3-4 歲（情緒挑戰期）：

這個時期變得很聰明，我稱之為「故意期」，常常一邊搗蛋一邊觀察父母的情緒反應。

這時候的情緒，其實是要吸引大人注意居多，孩子在操弄哭鬧的背後，是有企圖、有目的——想要你陪伴、放下你手邊的工作、想要你更了解我、想要你的注意力都在我身上，而不是在弟妹身上；會有點小小退化，變成以哭泣來表達事情。很多父母問我：「為什麼都已經會講話了，還會故意呢？」很有可能是他覺得口語表達無效，就會以此方式傳達。

我的建議是，這個階段要開始「獎勵不哭」：

❶ 「如果你不哭，我就給你一個大大的擁抱！」並在旁邊陪伴他哭。

❷ 集點數（貼紙）或代幣，這個時候即可開始，不要吝嗇給予獎勵。

有些父母說：「以前會哭、現在還是在哭啊。」這個觀察是錯的，當孩子哭的時間變短、次數變少、以前會因為一些事情哭但現在不會的時候，就非常值得鼓勵了。

許多這個年齡的孩子，還沒有發現自己的哭泣行為是有進步的，父母要記得提醒他、幫他表達出來：「你很棒耶！上次要出門的時候，你一直要賴、哭鬧說不要，可是你今天可以自己走到玄關，把鞋子套上又不哭，真的很厲害！」讓孩子懂自己的進步，建立自信心——「我可以！」

5 歲以上（同理心發展期）：

「同理心」開始成熟，這個時候要談道理，也要談感情。例如：「你

這樣讓媽媽好難過喔，你一直生氣、一直哭，我也會很難過。」用感情的教育，去轉移負向的情緒。當他觀察到「我的情緒會影響別人情緒的變化」時，這稱為「講理也談情」，就是同理心發展的重要階段。

可以帶著孩子大量了解情緒，用繪本中的角色敘事，以故事的方式讓孩子更好理解，進而認識更多複雜的情緒（例如：害羞、尷尬、嫉妒等）。

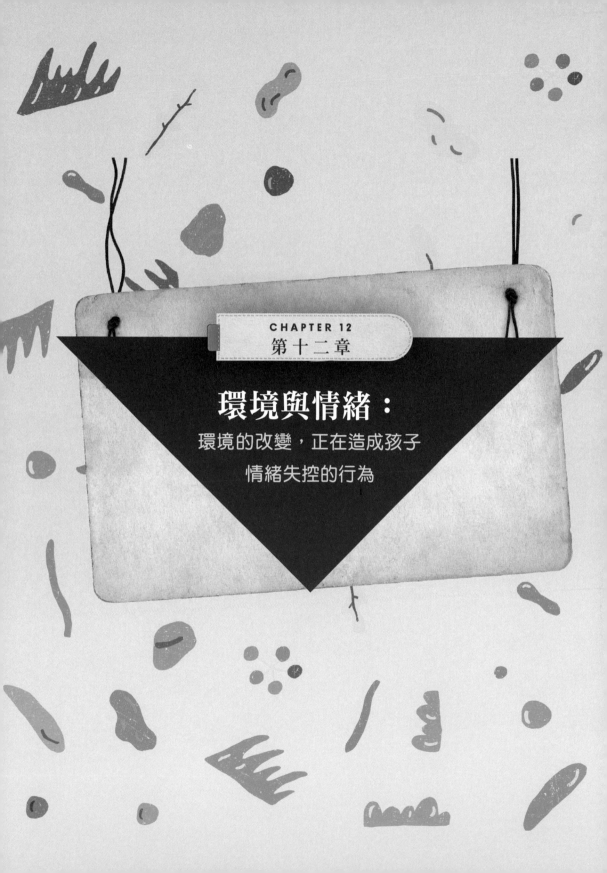

# 第十二章

# 環境與情緒：

環境的改變，正在造成孩子

情緒失控的行為

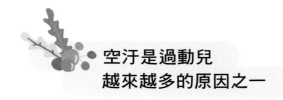

## 空汙是過動兒
## 越來越多的原因之一

　　高度發展的科技與社會，環境汙染相當嚴重。尤其是空汙，連髒空氣都會讓孩子專注力及情緒管控變差。你可能覺得，這是老生常談，它會讓孩子可能引發過敏、氣喘，甚至讓人生病致癌……但你一定沒想過，它也會影響胎兒和孩子的大腦，更可怕的是，你不知道已經接觸了多少的量，對身體產生影響。

　　哈佛公衛系教授菲利普・格蘭金（Philippe Grandjean）認為，人腦是相當複雜且敏感的，即使是一點點的損傷，都會顯著的影響認知、動作、情緒和行為等功能的發展。隨著演化，我們的孩子越來越聰明，但是每當與家長們接觸，得到的都是：「怎麼現在的孩子這麼難教？」相信環境變遷就是原因之一。

　　2014 年發表於《*Frontiers in Human Neuroscience*》期刊的文章指出，空氣汙染正在改變孩子的大腦，以兩種懸浮微粒（PM）的破壞力最強──其中一個是大家熟知的 PM2.5（細懸浮微粒，粒徑 <2.5 $\mu$m），另一個是 UFPM（超細懸浮微粒，粒徑 <0.1 $\mu$m）。

　　室內室外都有空汙，不要以為只有工廠，其實像汽機車排放的廢氣就是都會區最大的汙染源，尤其是會產生 UFPM。另外，菸害、廚房油煙、黴菌毒素，甚至裝潢材料都是空汙來源，而且，室內還有一個孩子

難以抵抗的——塵蟎。

過去醫界不斷呼籲，PM2.5 可達肺部最深處，進入肺泡甚至血液循環中，但你知道嗎？它進入我們的腦是走捷徑。我們吸入 PM2.5，它進入鼻腔，會破壞鼻腔內皮細胞，衝破血腦屏障，引起神經的發炎反應，甚至干擾細胞正常工作，產生毒性，損害神經元、甚至是 RNA 和 DNA。它最愛侵入大腦的地方就是前額葉（大腦的指揮官，負責認知、自我控制力）、海馬迴（記憶力中樞）、顳葉和腦幹的聽覺處理區域等，當然其他區域也都會有，所以讓孩子變得好難教！

## 孩子為何變得好難教？（表四）

| 行　為 | 原　因 |
|---|---|
| 1. 愛哭玻璃心 → | 過敏 |
| 2. 情緒失控 → | PM2.5 |
| 3. 健忘、學習力差 → | 空汙、菸害 |
| 4. 不專心、過動 → | 過敏、空汙、菸害 |

## 空汙會讓孩子情緒容易失控、憂鬱

我曾和小兒過敏氣喘專家黃立心醫師討論，過敏兒和注意力缺損過動似乎有關聯，這次看了許多相關文獻，證實這點。

例如：2013 年，尼古拉斯・紐曼（Nicholas C. Newman）教授等人發表於《環境健康視角》（*Environmental Health Perspectives*）期刊的研究指出，在出生第一年接觸較多交通相關空汙的嬰兒，其 7 歲時有過動情形的機率也會較高；2014 年發表於《*Psychiatry Investigation*》期刊的韓國研究指出，患過敏性鼻炎的兒童，有注意力缺損過動症的機率較高。2011 年發表於《環境研究》（*Environmental Research*）期刊的德國研究指出，孩子在家中接觸到菸害之後，不專心、過動的機率也會提升。

來看看孩子在學校上學、放學時會接觸到多少的 PM2.5 吧！

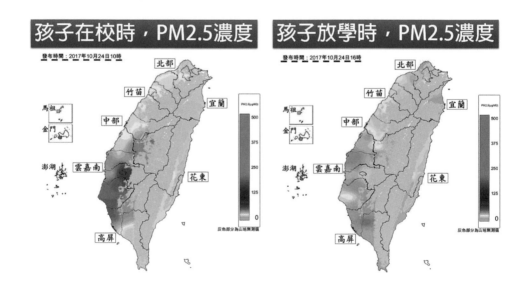

資料來源：行政院環境保護署（圖十二）

PM2.5 很容易和其他有毒物質（例如：甲基苯、多氯聯苯、鉛、砷、

錳、氧化物等）附著，而孩子更容易接觸這些物質，並在體內累積，從在媽媽肚子裡起，這些有毒物質或過敏原就會穿過臍帶、胎盤到胎兒，而出生後可能透過母乳接觸這些物質，再加上之後的口腔期，到處爬、到觸摸、到處吃，很容易把這些有毒物質或過敏原吃進肚子裡。

2016 年，氣喘過敏與免疫科醫師瑪雅・南達（Maya K. Nanda）等人，發表於《兒科學》（*Pediatrics*）期刊的前瞻性研究發現，4 歲時有過敏性鼻炎的兒童，到了 7 歲時，擁有焦慮、憂鬱等情緒問題（受到過敏發炎反應影響）的機率，比一般兒童高達 3.2 倍；若本身還有其他過敏症狀，其情緒問題就會高達 4 倍。學者認為這和大腦處理情緒社會化的區域有關。

## PM2.5 會影響孩童的認知發展

2016 年，哥倫比亞大學教授艾米・馬戈利斯（Amy E. Margolis）等人的研究（發表於《*Journal of Child Psychology and Psychiatry*》期刊），主題針對 462 位美國孕婦懷孕期間接觸到的空汙量（都會地區）和孩子長大後（9 歲、11 歲）情緒自我調節能力及社會能力的關係。

該研究所監測的空汙為多環芳香烴（Polycyclic Aromatic Hydrocarbons，PAH）是由有機物燃燒不完全所產生的化合物，是環境中常見的空氣汙染物質，由汽機車及火力發電廠所排放的廢氣、二手

菸、燃燒稻草所產生的。

多環芳香烴會與DNA產生一種結合物，這類結合物在細胞分裂時，會干擾遺傳基因組的複製，使得那些會助長或抑制疾病的基因功能產生改變。研究結果顯示，懷孕時暴露在多環芳香烴汙染的環境下（也就是在胎兒時期接受到汙染源），將會造成兒童早期到中期的自我調節能力受損。母親懷孕時暴露在多環芳香烴汙染中的兒童，在9歲及11歲時，相較沒有暴露的兒童，情緒自我調節能力（self-regulation）及社會能力（social competence）都明顯的不好。而且，在成長的過程裡，高汙染暴露組的兒童無法追上正常兒童的發展歷程。

《公共衛生流行病雜誌》（*PLOS One*）於2015年進行研究，探討西班牙巴塞隆納之國小學童，對於交通工具所製造的空汙與兒童認知發育受損的關聯性。研究指出，在高度的空氣汙染地區，孩子認知發展的成長較低，工作記憶（working memory）的發展相較於低度空氣汙染區域，減少了13％。

波爾塔（Porta D）等人於2016年發表於《*Epidemiology*》期刊的義大利前瞻性研究發現，如果母親在懷孕期間，接受到較高的交通相關空氣汙染，則孩子在7歲時，其語文智商和語文理解智商會減少1.4分。

凱瑟琳‧L‧戴維斯（Catherine L. Davis）等人在2016年發表的研究，針對7-11歲兒童，比較「有接觸到菸害和沒有接觸到菸害」的認知能力差異，結果發現，有接觸到菸害的兒童，認知能力的確較後者差，

其認知能力包括注意力、計畫能力（執行功能）、空間邏輯處理與資訊分析等。

2013 年，陳若琳（Ruoling Chen）等人的系統性文獻回顧，也確認菸害會影響孩子的認知功能。

 ## 適當喝水，提升孩子的專注力及正向情緒

人體有 60％是水，而大腦則有 75％以上的含水量，因此「水」是維持腦部正常功能運作的關鍵之一。過去十年來，有不少研究都證實，人體的攝水量和大腦功能相關，尤其是認知功能和情緒之間的關係。結果發現，體內缺水，會顯著降低注意力、記憶力、反應速度及正向情緒，包括大人和小孩。因此，當我們補充水分、改變體內缺水狀況時，我們的視覺注意力、短期記憶力會進步，也會感到比較快樂。

根據英國的一項調查發現，很多人常處於輕度缺水狀態。2015 年一篇於美國發表的研究發現，超過一半的美國學童及青少年有水分補充不足的狀況。根據研究，在體內輕度缺水的狀態下，兒童會有頭痛、易怒、動作表現不佳、認知或學習能力減退等狀況。

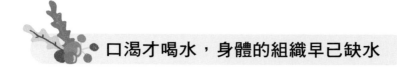

## 口渴才喝水，身體的組織早已缺水

需不需要喝水，並不是以「口渴」來判斷的，因為如果已有口渴的感覺，通常身體已經缺水一段時間，有脫水狀態了。前面所提到的研究，受試者大多是在輕度脫水狀態，故也能明顯看出有大腦學習率降低的情形出現。尤其是小孩，喝水更不能依照「是否口渴」來判斷，小孩本來就是容易有脫水狀態發生的高危險族群，因為：

❶ 身體含水量更高，嬰兒甚至有 70％以上的含水量。

❷ 身體對熱的調節能力較不成熟。

❸ 擁有較高的呼吸速率和代謝速率。

❹ 較小的小孩需要大人協助取得水。

❺ 對口渴的意識程度較低，因為這需要認知能力的成熟。

除此之外，研究也發現，孩童在輕度脫水（少於 2％的水分流失，例如運動後）狀態下，若喝了少量的水（例如 25 毫升），居然就自覺口渴狀態改變了；但基本上，這樣的量根本不足以補充流失的水分。這樣的結果是要告訴家長們，別放任兒童（包括小學中低年級以下）感到口渴時才去喝水，而應該教導孩子「什麼是身體缺水的徵兆？」例如：口乾、尿量或尿液顏色等，平常也該適時提醒孩子補充水分。

幸運的是，水對於大腦功能，似乎也不只有在於「量」這件事，2017 年於英國的研究發現，學齡兒童僅補充少量的水（25 毫升），這樣的水量雖不足以改變體內的缺水狀態，但也有助於提升視覺搜尋能力及專注力。學者認為，這可能是由於水轉變了口乾的不適感，這樣的轉變就能促使大腦工作更有效能，更何況補足了水分呢！

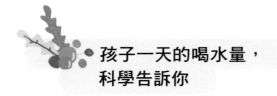

## 孩子一天的喝水量，科學告訴你

根據歐洲食品安全局（European Food Safety Authority，EFSA）於 2010 年的建議，不同年紀和性別，每日應有的攝水量如下表。

### 每日攝水量建議（表五）

| | 1-2歲 | 3-4歲 | 4-8歲 | 9-13歲 | >14歲及成人 | 孕婦 | 哺乳期婦女 |
|---|---|---|---|---|---|---|---|
| 女生 | 1.1~1.2 公升/天 | 1.3 公升/天 | 1.6 公升/天 | 1.9 公升/天 | 2.0 公升/天 | 2.3 公升/天 | 2.7 公升/天 |
| 男生 | | | | 2.1 公升/天 | 2.5 公升/天 | … | … |

此數據代表一日的總攝水量，等同於從「食物」及「其他液體」中攝取的水總量。

資料來源：歐洲食品安全局

歐洲食品安全局估算，人一天大約有 80％的攝水量是來自液體，約有 20％的水是來自食物，因此千萬別逼孩子喝水喝到表中的建議量，取個大約值即可。新加坡健康促進委員會（Health Promotion Board，HBP）提供簡單建議準則：

◆ 1-2 歲，每天 1-3 杯水（一杯水約 250 毫升）

◆ 3-6 歲，每天 3-5 杯水

◆ 7-12 歲，每天 6-8 杯水

◆ 13-18 歲，每天 8-10 杯水

　　不過，6 個月以下的寶寶例外唷！因為 1 歲前的寶寶，腎臟尚未發育完全，功能也尚未成熟，喝太多水反而會稀釋體內電解質，造成體內鈣離子或鉀離子過低引起抽筋，甚至嚴重時會造成心跳過慢、腦水腫等症狀，這是非常嚴重的。0-1 歲的寶寶，其實平常餵食足夠的母乳或配方奶，裡頭就含有充足的水分，不須害怕缺水或脫水，6 個月以下幾乎不用額外補充水。記得，由於每個人活動量及排汗、排水的情況不同，因此要喝多少水及喝水的時機，也會因人而異！

## 將果汁當水喝，過甜，情緒更暴躁！

喝水，是門重要的學問，有以下五個關鍵：

❶ 不論正餐或點心，都該同時幫孩子補充水分。

❷ 較大的肢體活動，尤其是在炎熱的天氣，更該增加補水的頻率，每 20 分鐘，兒童就該補充 150 毫升左右的水。

❸ 提供常溫水，身體才能快速吸收。記得，別額外添加糖分。

❹ 水中可以添加一些水果切片，尤其是柑橘類，能增加孩童的水分補充。

❺ 別喝果汁、汽水、茶及運動飲料，含糖及咖啡因皆不利健康。

美國兒科醫學會於 2017 年建議，1 歲以下兒童禁止喝果汁，原因是果汁對嬰兒早期生長並無助益，且可能使嬰兒減少攝取母乳或配方奶中的蛋白質、脂肪及鈣等礦物質。建議可以喝稀釋現榨 100％純果汁，例如：120 毫升的水加上 120 毫升的 100％果汁。

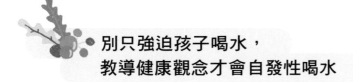

## 別只強迫孩子喝水，教導健康觀念才會自發性喝水

教孩子分析自己的尿液，太黃就代表要多喝點水，因為身體在抗議

嘍！喝很多水後再看一次，會發現結果真的不一樣呢！

　　水分與大腦記憶力、情緒、視覺專注力是相關的，身體缺水會影響大腦的學習力與工作效率，這部分不容忽視，但也別整天嘮嘮叨叨催促孩子喝水，這只會產生反效果。以身作則，並教導孩子察覺自己身體缺水的狀態，中大班之後，甚至可以讓孩子了解水對健康的重要性，這樣的衛教，才能讓孩子養成主動喝水的習慣。

方智好讀　103

# EQ 的力量：勇闖 EQ 神秘島【1書＋1情緒桌遊】

作　　　者／王宏哲

共同編輯群／天才領袖親子教育集團（劉鶴珣・林昰樺・江品希・黃羽凝）

發　行　人／簡志忠

出　版　者／方智出版社股份有限公司

地　　　址／台北市南京東路四段50號6樓之1

電　　　話／（02）2579-6600・2579-8800・2570-3939

傳　　　真／（02）2579-0338・2577-3220・2570-3636

總　編　輯／陳秋月

資 深 主 編／賴良珠

責 任 編 輯／鍾瑩貞

校　　　對／鍾瑩貞・賴良珠

注 音 校 對／王珮琳

美 術 編 輯／林雅鈴

插 畫 繪 圖／Tai Pera・林玲慧（P26-27、P38、P50-54）

行 銷 企 畫／陳姵蒨・王莉莉

印 務 統 籌／劉鳳剛・高榮祥

監　　　印／高榮祥

排　　　版／杜易蓉

經　銷　商／叩應股份有限公司

郵 撥 帳 號／18707239

法 律 顧 問／圓神出版事業機構法律顧問　蕭雄淋律師

印　　　刷／國碩印前科技股份有限公司

2018年2月　初版

2023年11月　32刷

「訓練孩子從小有快樂正向的思考與情緒管理能力，就是培養優秀人格的開始。」

——《教孩子比IQ更重要的事》

◆ **很喜歡這本書，很想要分享**

圓神書活網線上提供團購優惠，
或洽讀者服務部 02-2579-6600。

◆ **美好生活的提案家，期待為您服務**

圓神書活網 www.Booklife.com.tw
非會員歡迎體驗優惠，會員獨享累計福利！

國家圖書館出版品預行編目資料

EQ的力量：勇闖EQ神祕島【1書＋1情緒桌遊】／
王宏哲 著. -- 初版. -- 臺北市：方智，2018.02
　　　144面；17×23公分 --（方智好讀；103）

　　　ISBN 978-986-175-480-2（平裝）

　　　1.育兒　2.兒童發展　3.情緒教育

428.8　　　　　　　　　　　　　106020211

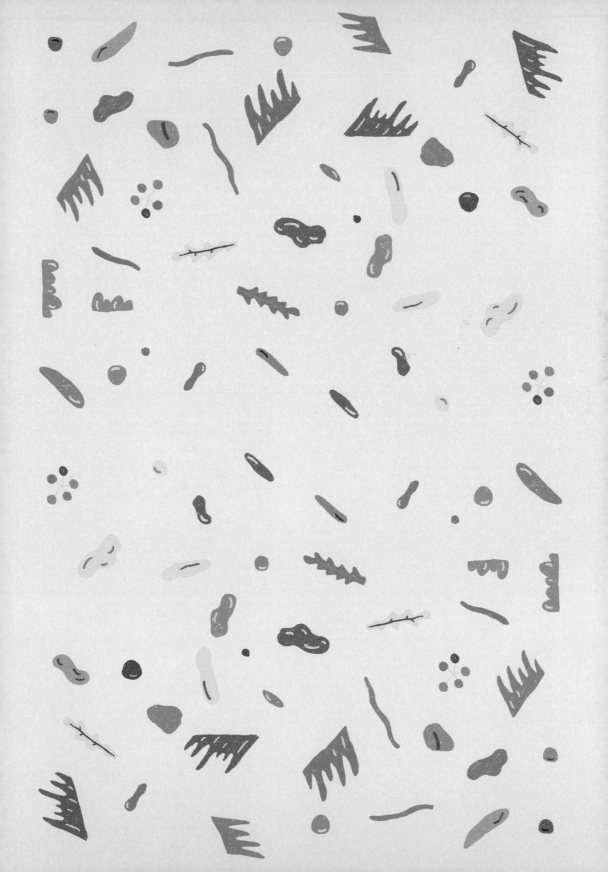

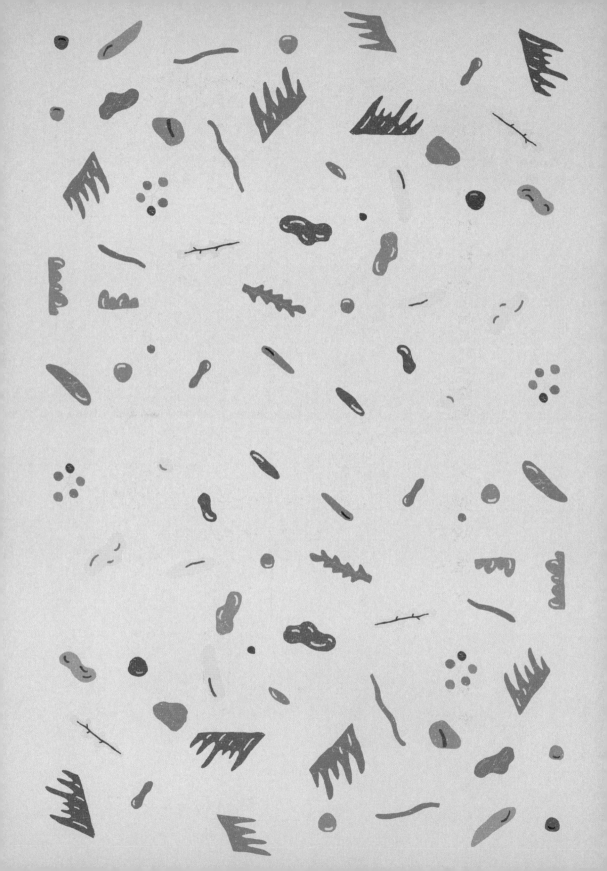